王欢 赵阳 杨美煜 著

钙钛矿新能源
光电材料与器件

化学工业出版社

·北京·

内 容 简 介

《钙钛矿新能源光电材料与器件》结合国内外研究进展，对钙钛矿光电材料与器件进行了全面和系统的介绍，内容包括钙钛矿光伏材料与器件、钙钛矿发光材料与器件以及钙钛矿光电材料的其他应用，介绍了材料与器件的制备、结构与性能等，并且对该领域面临的机遇与挑战进行了探讨。

本书可作为高等院校化学、材料等专业高年级本科生和研究生的教材，也可供相关科技工作者参考。

图书在版编目（CIP）数据

钙钛矿新能源光电材料与器件 /王欢，赵阳，杨美煜著. —北京：化学工业出版社，2023.9
ISBN 978-7-122-43712-9

Ⅰ．①钙⋯ Ⅱ．①王⋯②赵⋯③杨⋯ Ⅲ．①钙钛矿 - 新能源 - 光电材料 - 研究②钙钛矿 - 新能源 - 光电器件 - 研究
Ⅳ．① TN204 ② TN15

中国国家版本馆 CIP 数据核字（2023）第 117218 号

责任编辑：李玉晖　马　波　　　　　文字编辑：毕梅芳　师明远
责任校对：王　静　　　　　　　　　装帧设计：张　辉

出版发行：化学工业出版社（北京市东城区青年湖南街13号　邮政编码100011）
印　　装：涿州市般润文化传播有限公司
710mm×1000mm　1/16　印张10¾　字数202千字　2023年11月北京第1版第1次印刷

购书咨询：010-64518888　　　　　　售后服务：010-64518899
网　　址：http://www.cip.com.cn
凡购买本书，如有缺损质量问题，本社销售中心负责调换。

定　　价：78.00元

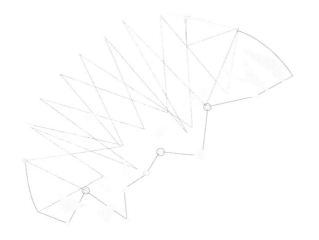

前言
PREFACE

　　近年来，钙钛矿光电材料成为新能源领域的研究热点，因其具有制备过程简单、成本低、可制成柔性器件等突出优点，在太阳能电池、发光与激光、场效应晶体管、光探测、光电催化等应用中受到广泛的关注。这里我们把《钙钛矿新能源光电材料与器件》一书奉献给该领域以及正准备进入该领域的广大研究生和科研人员，以期对钙钛矿新能源方面的研究和发展尽微薄之力。

　　本书结合国内外研究进展，对钙钛矿光电材料与器件进行了全面和系统的介绍。全书共分5章，第1章为概述，概述钙钛矿的结构、物理化学特性等基本知识，及其在光电器件中的主要应用和发展前景。第2章重点介绍钙钛矿光伏材料与器件，包括材料研究现状、活性层和传输层的制备及调控方法、器件结构、性能参数等。第3章重点介绍钙钛矿发光材料与器件，包括材料结构与制备方法、器件结构与工艺优化等。第4章则介绍钙钛矿在光探测器、场效应晶体管和其他领域的应用。第5章探讨了钙钛矿在光电器件应用中面临的机遇与挑战。

　　钙钛矿光电材料和器件的研究最近几年发展很快，作者试图把相关的最新研究进展都收入本书中，但是无奈书稿内容的更新速度跟不上研究的发展速度。如有重要成果在本书中未能介绍，请相关研究者予以谅解！书中也难免会有不当之处，敬请读者批评指正！

　　本书的出版得到东北石油大学化学工程与技术省优势特色学科经费资助，特此致谢。

作者
2023年5月

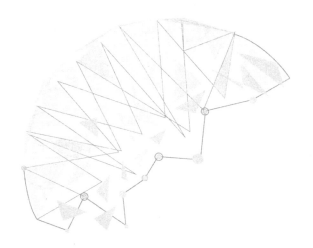

目 录

CONTENTS

第1章 概述 001

1.1 钙钛矿的晶体结构概述 001
 1.1.1 三维钙钛矿 002
 1.1.2 准二维钙钛矿 002

1.2 钙钛矿光电材料的物理化学特性 004

1.3 钙钛矿材料在光电器件中的应用 008
 1.3.1 在太阳能电池中的应用 008
 1.3.2 在发光二极管中的应用 016

1.4 钙钛矿光电材料的发展前景 023

参考文献 024

第2章 钙钛矿光伏材料与器件 029

2.1 钙钛矿光伏材料研究现状 029
 2.1.1 有机 - 无机杂化钙钛矿材料 029
 2.1.2 无机钙钛矿材料 036

2.2 空穴传输层的材料选择与调控 044

2.3　电子传输层的材料选择与调控 ·· 047

2.4　钙钛矿材料制备方法 ·· 049
　　2.4.1　一步旋涂法 ·· 049
　　2.4.2　两步连续沉积法 ·· 049
　　2.4.3　双源蒸气沉积法 ·· 050
　　2.4.4　蒸气辅助沉积法 ·· 050
　　2.4.5　其他制备方法 ··· 050

2.5　钙钛矿光伏器件的结构与工作原理 ·· 051
　　2.5.1　钙钛矿光伏器件结构 ··· 051
　　2.5.2　器件工作原理 ··· 053

2.6　器件评价参数及优化 ·· 055
　　2.6.1　器件主要性能参数 ·· 055
　　2.6.2　提升性能的主要手段 ··· 058

参考文献 ··· 067

第3章　钙钛矿发光材料与器件 ═══════════════════ 077

3.1　钙钛矿材料结构与制备方法 ·· 077
　　3.1.1　金属卤化物钙钛矿纳米晶简介 ·· 077
　　3.1.2　金属卤化物钙钛矿纳米晶的制备方法 ·································· 078

3.2　钙钛矿发光材料器件结构与工作原理 ·· 085
　　3.2.1　电致发光二极管 ·· 085
　　3.2.2　钙钛矿发光材料器件 ··· 086

3.3　钙钛矿电致发光器件中的空穴传输材料 ···································· 095
　　3.3.1　新型 p 型半导体用于空穴传输层 ·· 095
　　3.3.2　通过掺杂优化空穴传输层 ·· 098
　　3.3.3　通过添加缓冲层修饰空穴传输层 ··· 098
　　3.3.4　空穴传输层后处理 ·· 099

3.4　钙钛矿电致发光器件中的电子传输材料 ···································· 100
　　3.4.1　有机小分子电子传输材料的设计要求 ·································· 100
　　3.4.2　有机小分子电子传输材料的研究进展 ·································· 101

3.5　器件的优化 ································· 113

　　3.5.1　材料工程 ······························ 113

　　3.5.2　钙钛矿薄膜加工工艺 ··············· 115

　　3.5.3　器件工程 ······························ 116

　　3.5.4　光取出工艺 ·························· 118

参考文献 ···································· 118

第4章　钙钛矿光电材料的其他应用　　131

4.1　光电探测器 ···························· 131

　　4.1.1　光电导体 ······························ 134

　　4.1.2　光电二极管 ·························· 136

　　4.1.3　光电晶体管 ·························· 140

4.2　场效应晶体管 ·························· 142

4.3　其他应用 ······························ 146

　　4.3.1　激光器 ································· 146

　　4.3.2　钙钛矿光催化 ······················ 148

　　4.3.3　光电催化器件 ······················ 153

参考文献 ···································· 156

第5章　钙钛矿光电材料的机遇与挑战　　161

5.1　在太阳能电池方面 ···················· 161

5.2　在发光二极管方面 ···················· 162

5.3　在光电探测器方面 ···················· 163

5.4　在场效应晶体管方面 ·················· 164

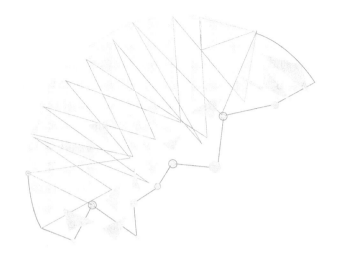

第 1 章

概述

　　一百八十多年前（约 1839 年），一位叫 Lev Perovski 的俄国矿物学家在俄国的乌拉尔山脉发现一种新的天然矿物，这种矿物含有钙、钛和氧元素，化学表达式为 CaTiO₃。这是一种新发现的晶体结构，可以用通用的化学表达式 ABO₃ 来表示，后来人们就以这位俄国矿物学家 Perovski 的名字来命名具有化学表达式 ABO₃ 的材料（钙钛矿材料），这就是钙钛矿英文名称 perovskite 的由来。

　　一般来说，传统的钙钛矿大多数是一类复合氧化物，其分子通式为 ABO₃。此类氧化物其实很早就被发现，是地球上分布最广泛的矿物质之一，存在于天然矿石中。在地球学科中钙钛矿专指含镁（钙）的钙钛矿型矿物。现在的钙钛矿材料往往是通过人工手段，如加压、烧结而成。人工合成的钙钛矿材料也具有非常特殊的物理和化学性质，在陶瓷、介电、超导、表面催化等领域具有非常广泛的应用。作为近十多年来崛起的明星级半导体材料，尽管其存在着杂质过多，结构中有缺陷、无序以及成分易变化等问题，但由于其具有较高的迁移率、长的载流子寿命以及低的缺陷密度等卓越的物理性质，在光电材料研究中受到了极高的关注。本章主要介绍钙钛矿材料的晶体结构、物理化学特性以及其在太阳能电池、发光二极管等方面的研究情况，并对其发展前景做了一个较简单的介绍。

1.1　钙钛矿的晶体结构概述

　　钙钛矿是指一类陶瓷氧化物，此类氧化物最早被发现的是存在于钙钛矿石中的钛酸钙（$CaTiO_3$）化合物，因此而得名。

1.1.1　三维钙钛矿

通常的三维金属卤化钙钛矿的通式为 ABX_3（图 1-1），通过改变 A、B 或 X 位离子组分，或利用多种组分的 A、B 或 X 位离子，可以改善金属卤化钙钛矿的光电性能，从而适用于特定器件或特殊用途。以碘基钙钛矿 $CH_3NH_3PbI_3(MAPbI_3)$ 为例，用 I 取代 Br 可使带隙从 1.59eV 增加到 2.31eV。立方对称的 $Pm3m$ 空间群对于金属卤化钙钛矿是最理想的，它具有十二倍配位的阳离子，周围共享 BX_6 的八面体。然而，A 阳离子太小或 B 阳离子太大的钙钛矿会偏向四角形、正交形或菱形结构。钙钛矿的稳定性及晶体结构可以由容忍因子（t）和八面体因子（μ）所决定，其中 $t=(R_A+R_X)/[\sqrt{2}\,(R_B+R_X)]$，$\mu=R_B/R_X$，$R_A$、$R_B$、$R_X$ 分别为 A 离子、B 离子、X 离子的半径。一般来说，当 $0.9 < t < 1$ 时，通常形成对称性最高、稳定性好的立方晶格，是一种理想的钙钛矿结构；当 $0.7 < t < 0.9$ 时，通常为小的 A 离子或大的 X 离子，晶体结构发生扭曲，容易形成对称性低的正方、斜方和菱方晶系；当 $t > 1$ 时，通常表现为大的 A 离子，使钙钛矿的三维结构向二维结构转变。然而，容忍因子 t 并不是决定晶体稳定性的唯一主导因子，还受到非几何因子如键价、化学稳定性等因素的影响。也正是由于钙钛矿这种灵活多变的特点，可以通过调控不同的反应条件及构成元素来制备不同维度、尺寸以及带隙的钙钛矿结构。

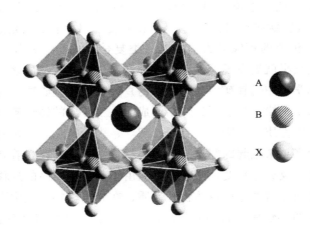

图 1-1　三维钙钛矿晶体结构示意图

1.1.2　准二维钙钛矿

二维层状钙钛矿是在三维钙钛矿的基础上引入有机官能团形成的，其化学通式为 $(RNH_3)_2A_{n-1}B_nX_{3n+1}$，式中 A、B、X 与三维钙钛矿结构中的符号表示相同；R 为有机官能团；n 为堆叠的对称共角八面体层的数量。$n=1$ 对应纯二维层状结构；$n= \infty$ 则构成三维结构；n 为其他整数时，所形成的是准二维层状结构。二维层状钙钛矿家族采用 Ruddlesden-Popper 晶体结构，这是因为引入的阳离子与由 BX_6 所构成的立方八面体容忍因子不匹配，即不满足钙钛矿结构容忍因子所需满足的范围，因而破坏了立方体的对称性，图 1-2（a）～（c）为原来三维结构中的无机铅卤素层沿着 <100>、<110> 或 <111> 方向分离成一定取向的层状结构。目前报道最多的是沿 <100> 取向的二维层状钙钛矿。例如 (PEA)$_2$(MA)$_{n-1}$Pb$_n$I$_{3n+1}$ 二维层状钙钛矿材料，其结构如图 1-2（d）所示，式中 PEA 为 $C_6H_5(CH_2)_2NH_3^+$。

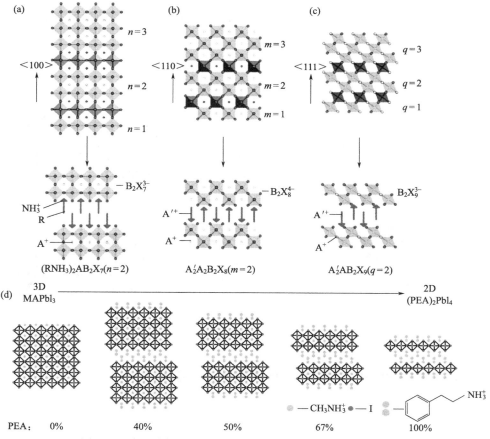

图 1-2 从三维钙钛矿不同的方向上切割的二维钙钛矿结构

（a）<100> 取向；（b）<110> 取向；（c）<111> 取向 [1]；（d）MAPbI$_3$、

(PEA)$_2$PbI$_4$ 及混合 MA-PEA 二维钙钛矿材料的晶体结构示意图 [2]

有机 - 无机杂化二维层状钙钛矿内部有机组分之间的范德华力作用比有机—

无机组分间的强化学键作用弱，但这些弱相互作用在二维钙钛矿材料的结构形成中起着重要作用。角共享 BX_6 八面体层的三维网络被限制在插入的庞大烷基铵阳离子（$C_4H_9NH_3^+$）的双交叉层之间，例如 $(C_4H_9NH_3)_2(CH_3NH_3)_{n-1}Sn_nI_{3n+1}$ 的结构可以看作是由两个相邻 $C_4H_9NH_3^+$ 阳离子层代替一层 $CH_3NH_3^+$ 阳离子的结果，在 $(CH_3NH_3)_{n-1}Sn_nI_{3n+1}$ 三维骨架之外形成绝缘屏障。由于有机阳离子的不同立体需求，所以准二维层状钙钛矿晶体结构的畸变水平是由有机阳离子和共享无机骨架之间的竞争作用决定的。例如，在化学组成为 $BA_2MA_2Pb_3I_{10}$ 的二维层状钙钛矿中，由于 BA 和 MA 阳离子倾向于分别沿 B 轴和 AC 平面排列，即试图限制平面层内生长的 BA 离子与尝试扩展层外钙钛矿生长的 MA 离子之间出现竞争，如图 1-3 所示。因此，BA 阳离子和 MA 阳离子都不处于其优选的空间排列之下。可见，准二维钙钛矿的结构取向可以通过采用不同比例、不同种类的有机阳离子组合来进行调节。

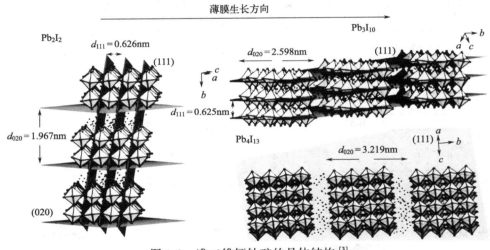

图 1-3　准二维钙钛矿的晶体结构 [3]

1.2　钙钛矿光电材料的物理化学特性

　　钙钛矿材料因其结构和成分的不同而具有许多奇特的性质，尤其是具有优异的光学和电学性能。

　　（1）光伏特性

　　钙钛矿材料具有很高的消光系数，在可见光波段有着很高的宽带吸收效率，且材料的吸收厚度与其载流子扩散距离相匹配。$MAPbI_3$ 纳米片的禁带宽度为 1.55eV（对应吸收截止波长为 800nm），可以有效吸收近紫外 - 可见光 - 近红外区的太阳光，理论上在标准 AM 1.5G 光照下可以产生高达 27mA/cm² 的光电流，但是在实际应用中，光电流极值受界面反射、材料吸收和电荷损失等影响将会有所损失。铅基钙钛矿材料（$CH_3NH_3PbI_3$）作为吸收层在光伏领域取得了重大进展，当前认证的光电转换效率达到了 22.1%。光吸收系数达到 $10^5 cm^{-1}$ 数量级，载流子扩散长度超过 1μm。图 1-4 为钙钛矿型太阳能电池材料光吸收示意图，其光伏效应主要是源于价带顶处 Pb 的 s 轨道和 I 的 p 轨道的电子向位于导带底的 Pb 的 p 轨道直接跃迁而产生的。其中位于价带顶处 Pb 的 s 轨道电子是孤对电子，研究报道 s 轨道的孤对电子是该材料产生高的光电特性的重要原因之一。位于导带底的 Pb 原子的 p 轨道电子能量高于价带顶原子能量，更为活跃，导致其带边更为发散，易于获得较小的电子有效质量。此外，位

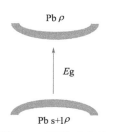

图 1-4　钙钛矿电池
光吸收示意图

于价带顶的 Pb 原子的 s 轨道电子和 I 原子的 p 轨道电子是杂化电子，具有强的反键轨道，也会导致价带顶处的曲线较为发散，得到较低的空穴有效质量。因而电子和空穴的传输是平衡的双极子传输，能提高材料的载流子迁移速率和扩散长度。

图 1-5 为近年来金属卤化物钙钛矿光伏材料的能量转换效率发展示意图。自 2014 年以来，短短几年间，钙钛矿太阳能电池的光电转换效率从 10% 提高到了 25% 以上，因而具有很大发展潜力。

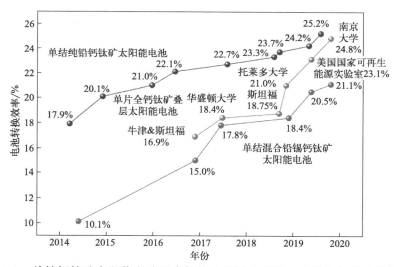

图 1-5　单结钙钛矿太阳能电池和全钙钛矿叠层太阳能电池转换效率的进展 [4]

（2）发光特性

高质量的广义和狭义二维钙钛矿薄膜具有低的缺陷密度，能有效降低非辐

射复合，表现出较高的发光效率。Bekenstein 等[5]制备了多晶二维无机钙钛矿纳米片量子点 $CsPbX_3$（X=Cl，Br，I），材料的量子效率达到 84%，且纳米片的厚度与吸收光谱、发光光谱表现出明显的量子尺寸效应。Akkerman 等[6]制备的二维 $CsPbBr_3$ 纳米片可以稳定一个月，量子效率可达 31%。Wang 等[7]也报道了一种新型结构的厚度约为 3nm 的 $CsPb_2Br_5$ 纳米片，其发射峰在 512nm，半峰宽为 12nm，量子效率高达 87%。

（3）铁电性

$PbTiO_3$ 和 $BaTiO_3$ 是典型的钙钛矿型铁电体，具有很强的铁电性。当前研究的光电钙钛矿材料如 $CH_3NH_3PbI_3$、$FASnI_3$ 因类似的钙钛矿型结构也被认为是潜在的铁电体受到了极大关注。铁电体是指具有铁电性的晶体，在电介质晶体中，晶胞的电荷正负中心发生偏移而产生电偶极矩，使得晶体的电极化强度不为零，且随外电场而改变，电偶极矩方向也相应地改变。例如，钙钛矿型 $BaTiO_3$ 是典型的铁电体，随温度的改变会发生一系列的相变。温度为 120℃ 以上时，$BaTiO_3$ 为立方相，空间群是 $Pm3m$，由于没有铁电性，又称之为顺电相。温度降至 120℃ 时，顺电相变为铁电相即四方相，空间群为 $P4mm$。此时晶轴 c 大于晶轴 a，诱导阳离子 Ti^{4+} 和负离子 O^{2-} 的中心产生偏离，发生自发极化。我们把发生相变转换的温度 120℃ 称之为居里温度。从经典极化理论来看，自发极化来源于中心的正离子 Ti^{4+} 偏离原位置相对于负离子 O^{2-} 的位移。铁电极化被认为在提高光伏性能上有着重要作用。最近研究表明，自发极化诱导的内建电场可能提高吸收层的电子空穴对的分离率，促进吸收层和电子传输层之间的电荷转移，提高光电转换效率。此外，在对钙钛矿型太阳能电池 $CH_3NH_3PbI_3$ 的实验测试中发现，电流-电压之间存在着磁滞回线，类似于铁磁体中的磁滞回线，有研究认为这可能和铁电极化相关联。可见研究铁电极化及其机理对提高钙钛矿光电材料的性能至关重要。但是当前对金属卤化物钙钛矿的铁电性研究还较少。

（4）铁磁性

一般是指含有过渡金属的钙钛矿型结构，典型的如 $BiFeO_3$、$BaFeO_3$、$LaMnO_3$、$BiNiO_3$、$TbMnO_3$ 等。铁磁体一般具有铁磁性。铁磁体内部的原子或者离子的磁矩由于相互作用，在某些小区域的磁矩大致会朝着同一方向排列的现象称之为铁磁性。当施加外部磁场时，该区域的合磁矩的定向排列程度会随之加强至同一方向。由于铁磁体内部有许多磁畴，无外磁场时，虽然单个磁畴内的磁矩取向一致，但是不同的磁畴之间，磁矩的大小和方向都不相同。因此整体上对外不显示磁性，净磁矩等于零。当低于居里温度时，则会表现出铁磁性。因为铁磁体内部具有很多自发磁化的磁畴，当无外磁场作用时，这些磁畴的取向是无规则分布的，整体上不显磁性。若存在外磁场的作用，不同磁畴中的磁矩都将趋向于和外磁场的方向相同，转向同一方向，产生宏观磁矩，形成感应磁场。随着外磁场的增加，磁化强度增加；外磁场减弱，磁化强度也减弱，但是不会和先前相同外磁场下的磁化强度一致。因此磁化强度相比于外磁场的曲线是磁滞回线。最近的报道显示，过渡金属卤化物钙钛矿型结构：$CH_3NH_3(Mn:Pb)I_3$ 也有铁磁性。如图 1-6 所示，光和磁之间具有强烈的磁光耦合效应。光照时，利用光伏效应生成的电子能够转变磁矩强度和方向。入射光照射前后，材料的磁矩分别向上或向下排列，使其产生 0 或 1等不同的量子比特位，拓宽了光电材料到磁性材料的应用范围，为发展新一代磁光数据存储器奠定了基础。

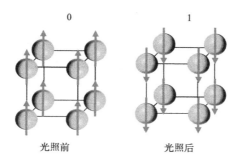

图 1-6　光照下钙钛矿材料不同磁序结构示意图

（箭头表示磁矩的方向）

（5）带隙可调、载流子迁移率高

通过掺杂不同元素组分，钙钛矿材料可获得 1.15 ~ 3.06eV 范围之间的带隙。以 $CsPbX_3$（X=Cl, Br, I）为例，通过掺杂不同比例的卤素离子，其带隙可在 1.77eV（$CsPbI_3$）至 3.06eV（$CsPbCl_3$）之间调节。而对于 $MA(Pb/Sn)I_3$ 体系，Zhao 等[8]发现其带隙并不随着 Pb 和 Sn 组分的变化而线性变化，$MASn_{0.8}Pb_{0.2}I_3$对应该体系的最窄带隙 1.15eV，而 $MAPbI_3$ 和 $MASnI_3$ 的带隙分别为 1.55eV 和1.29eV。钙钛矿材料中载流子迁移率高，同时钙钛矿材料中缺陷密度低，不易复合，因而载流子具有较长的扩散长度。2013 年 Grätzel 等[9]发现 $MAPbI_3$ 中载流子扩散长度为 100nm 以上。此外，Snaith 小组[10]发现在 $MAPbI_{3-x}Cl_x$ 中载流子扩散长度可到 1μm。

（6）较低的激子束缚能、优异的双极性电荷传输能力

钙钛矿材料具有较大的介电常数，激子束缚能较低，在 50meV 左右。因此材料中电子和空穴之间的库仑作用由于距离较远而很弱，光生电子空穴对在室温下便能实现分离。此外，钙钛矿材料不仅可以传输空穴，也能传输电子，这使得它在不同的电池结构中都能获得优异的光电转换性能。

1.3   钙钛矿材料在光电器件中的应用

近年来，钙钛矿材料因其优异的光电性能（理想的直接带隙、高的光吸收系数及长的载流子传输距离等）及低廉的制作成本，已成为目前光电领域的明星材料，在太阳能电池、发光二极管（LED）、光电探测器以及场效应晶体管等领域有着光明的应用前景。特别是在光伏器件及发光器件领域，钙钛矿材料不论是器件效率还是发展潜力，都十分优秀。

1.3.1   在太阳能电池中的应用

太阳能电池是一种利用光生伏特效应把光能转换成电能的器件，又叫光伏器件。用于评估其性能的参数包括开路电压（V_{oc}）、短路电流密度（J_{sc}）、填充因子（FF）和功率转化效率（RCE）等。传统的三维钙钛矿材料制备的太阳能电池稳定性差，通过改变组分、界面工程及添加绝缘层等方法可提高其稳定性。其中，采用二维层状钙钛矿材料作活性层被认为是阻止其在空气中降解的最有效的方法之一。

钙钛矿太阳能电池起始于 2009 年，Miyasaka 团队[12]首次将 MAPbI$_3$ 和 MAPbBr$_3$ 应用于染料敏化太阳能电池，获得了 3.8% 的光电转换效率，这一研究被认为是钙钛矿太阳能电池研究的起点。后来研究人员陆续深入开展钙钛矿太阳能电池的研究工作，从传输机理基础研究[13]、界面工程[14]、沉积工艺[15]及功能材料[16]等方面对电池的性能进行改进，最新记录的光电转换效率已达到 25.7%。图 1-7 为美国国家可再生能源实验室公布的太阳能电池器件效率发展图。此外，由于钙钛矿材料本身的特性，钙钛矿材料在溶液中不稳定，采用类似染料敏化太阳能电池结构时，通常会使用固态空穴传输材料来代替液态电解液。当采用有机薄膜电池结构时，由于钙钛矿材料的载流子扩散距离远大于有机半导体，通常采用平面异质结而不是体异质结结构。钙钛矿太阳能电池具有原料来源广泛、制备工艺简单、光电转换效率高等优势，在第三代新型太阳能电池中脱颖而出，成为前沿热点。

2012 年，Kim 等人[17]将一种新型有机空穴传输材料引入到钙钛矿太阳能电池中，使电池效率提高到超过 10%，这种固体空穴导体材料的使用使钙钛矿电池走向全固态，使得电池的商业价值增加。2013 年，Liu 等人[18]采用 Al$_2$O$_3$ 取代 TiO$_2$，Al$_2$O$_3$ 在器件中作为骨架辅助钙钛矿成膜，取得了 15.4% 的转换效率。2014 年，Zhou 等人[19]通过改进钙钛矿光吸收层，选择更合适的电子传输材料，进一步将电池的转换效率提高到 19.3%。2015 年，Yang 等人[20]通过采用阳离子交换的方法，将钙钛矿太阳能电池效率提高到 20.1%。2017 年，Yang 等人[21]通过引入 I$_3^-$ 修复钙钛矿缺陷，结合两步法旋涂成膜，将钙钛矿器件效率纪录提

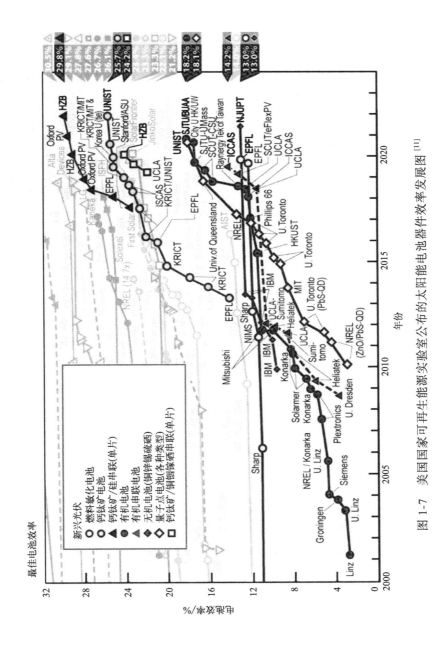

图 1-7 美国国家可再生能源室公布的太阳能电池器件效率发展图 [11]

高到 22.1%。2017 年，Greul 等人[22]通过旋转涂层的方法制备了 $Cs_2AgBiBr_6$ 薄膜，并将其应用到太阳能电池中。经过优化的制备条件，$Cs_2AgBiBr_6$ 基太阳能电池的 PSC 为 2.43%（图 1-8），在不封装的情况下，暴露时也具有良好的稳定性。

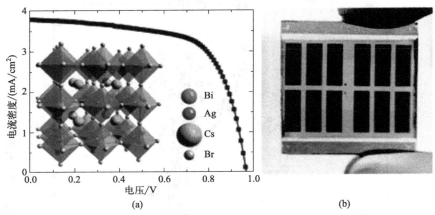

(a)   (b)

图 1-8　最佳性能的 J-V 曲线（a）和器件照片（b）[22]

2014 年，Smith 等[23]首次将 $(PEA)_2(MA)_2Pb_3I_{10}$ 准二维层状钙钛矿材料用于太阳能电池的光吸收层，电池结构如图 1-9（a）所示，为 FTO/compactTiO$_2$/$(PEA)_2(MA)_2Pb_3I_{10}$/spiro-OMeTAD/Au，$(PEA)_2(MA)_2Pb_3I_{10}$。采用一步法旋涂并且不需要高温退火获得了结晶质量较好的薄膜（三维钙钛矿薄膜在相同的条件下不能连续成膜），由此膜制备的器件的 V_{oc} 为 1.18V，J_{sc} 为 6.72mA/cm^2，PCE 为 4.73%。虽然其 PCE 值不高，但是该二维层状钙钛矿薄膜的稳定性明显优于三维钙钛矿薄膜，且在 52% 的湿度环境中暴露 46 天之后仍然能保持良好的稳定性［图 1-9（b）］。

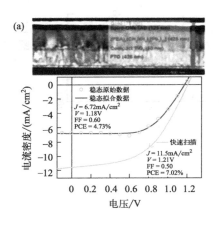

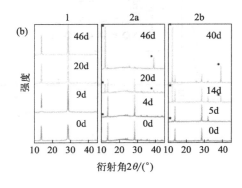

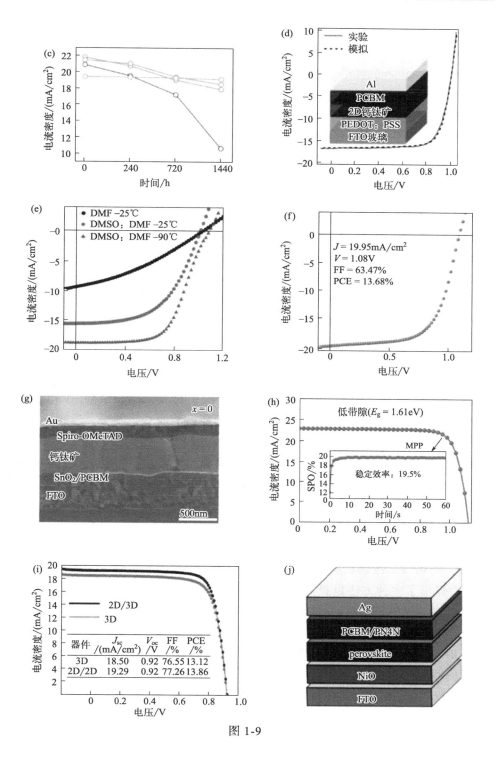

图 1-9

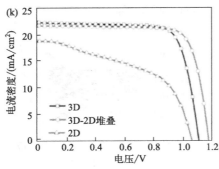 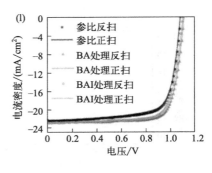

图 1-9 不同太阳能电池的结构及性能示意图

（a）(PEA)$_2$(MA)$_2$Pb$_3$I$_{10}$ 作为吸收层的器件横截面扫描电子显微镜（SEM）图及 J-V 曲线；

（b）钙钛矿薄膜的多晶 X 射线衍射（PXRD）图[23]；（c）电流密度随时间的变化曲线[25]；

（d）(BA)$_2$(MA)$_3$Pb$_4$I$_{13}$ 作为活性层时器件的 J-V 曲线，插图为器件结构[27]；（e）不同条件下器件的 J-V 曲线[28]；（f）Cs$_5$-2D 钙钛矿太阳能电池最高效率为 13.68% 时器件的 J-V 曲线[29]；

（g）基于 FA$_{0.83}$Cs$_{0.17}$Pb(I$_{0.6}$Br$_{0.4}$)$_3$ 薄膜的器件横截面的 SEM 图；（h）BA$_{0.05}$(FA$_{0.83}$Cs$_{0.17}$)$_{0.95}$

Pb(I$_{0.8}$Br$_{0.2}$)$_3$ 为活性层时器件的 J-V 曲线[30]；（i）杂化钙钛矿太阳能电池的 J-V 曲线[32]；

（j）器件的结构示意图；（k）不同沉积条件下器件的 J-V 曲线[33]；

（l）不同条件下器件的正反扫 J-V 曲线[35]

之后，Cao 等[24]将另一种二维层状钙钛矿材料 (BA)$_2$(MA)$_{n-1}$Pb$_n$I$_{3n+1}$，即 [CH$_3$(CH$_2$)$_3$NH$_3$]$_2$(CH$_3$NH$_3$)$_{n-1}$Pb$_n$I$_{3n+1}$ 用作太阳能电池的光吸收层，当 n=3 时获得了 0.929V 的 V_{oc}、9.42mA/cm^2 的 J_{sc} 及 4.02% 的 PCE，将此系列二维层状钙钛矿薄膜暴露在 40% 湿度条件下 2 个月，薄膜稳定性良好。用于制备光伏器件的半导体通常具有小的激子结合能，从而使载流子可以有效地扩散减少复合。三维钙钛矿 CH$_3$NH$_3$PbI$_3$ 中的激子结合能约为 2～60meV，而二维层状钙钛矿由于量子和介电限制效应，激子具有相对较大的激子结合能（150～740meV）。另外，由于其较大的带隙及较差的载流子传输特性（大体积的有机阳离子会阻碍电荷传输），利用该二维钙钛矿薄膜制备的太阳能电池功率转化效率较低。为此，研究者们提出了多种方法以提高二维钙钛矿太阳能电池的效率，例如，通过改变 n、R 改变二维钙钛矿材料的带隙从而提高器件的功率转化效率。2016 年，Quan 等[25]制备了基于不同 n 值的 (PEA)$_2$(MA)$_{n-1}$Pb$_n$I$_{3n+1}$ 准二维钙钛矿太阳电池，当 n=60 时，实现了 15.3% 的认证 PCE 且无迟滞现象，在低湿度大气环境中放置 60 天后器件的 PCE 仍为 11.3%，如图 1-9（c）所示。

2016 年，Yao 等[26]将聚乙烯亚胺（PEI）引入二维钙钛矿材料中制备了不同 n 值（n=3, 5, 7）的 (PEI)$_2$(MA)$_{n-1}$Pb$_n$I$_{3n+1}$ 太阳能电池，n=7 时分别在 0.04cm^2 和 2.32cm^2 的有效面积上获得了 10.08% 和 8.77% 的 PCE，经过 500h 光照后功

率转化效率仍为起始效率的 90% 以上。

关于二维层状钙钛矿太阳能电池的一大突破性工作是 2016 年 Tsai 等[27]采用热浇铸法获得了接近单晶质量的 $(BA)_2(MA)_3Pb_4I_{13}$ 薄膜，且无机钙钛矿层的排列方向与电极垂直，此种排列方式对电荷的传输极为有利，可使光生载流子穿过 $[(MA)_{n-1}Pb_nI_{3n+1}^{2-}]$ 层到达电极而不被绝缘间隔层阻挡，由此制备的器件 PCE 达到 12.52% 且无迟滞现象，并且器件在不同光照、湿度及热压力环境中均具有良好的稳定性[图 1-9（d）]。

2018 年，Zhang 等[28]详细研究了二维钙钛矿材料从溶液前驱体到固体薄膜的结晶机制，并揭示了相变动力学如何影响相纯度、量子阱取向及光伏器件性能，结合热浇铸及双溶剂法制备的 $(BA)_2(MA)_3Pb_4I_{13}$ 薄膜实现了直接相转变，其结晶过程中无中间相，由此制备的器件获得了 12.17% 的 PCE。图 1-9（e）为器件在不同前驱体溶液[N,N- 二甲基甲酰胺（DMF）、二甲基亚砜（DMSO）]、不同退火温度下的电流 - 电压（J-V）特性曲线。除此之外，通过掺杂也可以改变二维层状钙钛矿薄膜的结晶质量、电荷传输、带隙等性质，从而提高 PCE。

2017 年，Zhang 等[29]发现将 5% Cs 阳离子（Cs^+）掺入准二维钙钛矿 $(BA)_2(MA)_3Pb_4I_{13}$ 材料中可以增大颗粒尺寸、改善表面质量、减小缺陷密度、增大载流子迁移率等，使太阳能电池的 PCE 从未掺杂 Cs^+ 的 12.3% 提高至 13.7%，且掺杂 Cs^+ 的器件暴露在 30% 的湿度环境下经过 1400h 后其性能仅退化了 10% [图 1-9（f）]。

2017 年，Wang 等[30]将 BA 阳离子加入混合阳离子体系 $FA_{0.83}Cs_{0.17}Pb(I_yBr_{1-y})_3$ 三维钙钛矿材料中，获得了纯二维钙钛矿薄片，并通过调整掺入 BA 阳离子的比例改变材料的带隙，制备了低带隙的 $BA_{0.05}(FA_{0.83}Cs_{0.17})_{0.95}Pb(I_{0.8}Br_{0.2})_3$ 薄膜，随后用 SnO_2 掺杂 PCBM 作为电子传输层制备了器件[图 1-9（g）]，得到最高 20.6% 的 PCE，其开路电压为 1.14V，短路电流为 22.7mA/cm²，另外两个不同材料掺杂比例的器件也获得了 15% 以上的平均效率，并显示了良好的稳定性[图 1-9（h）]。除上述将二维层状钙钛矿材料单独作太阳能电池的活性层外，将二维层状钙钛矿与三维钙钛矿材料结合在一起作电池的活性层，可制备出具有良好稳定性的高效率钙钛矿太阳能电池器件，既能保持三维钙钛矿的高效率又可发挥二维层状钙钛矿高稳定性的优点。

2015 年，Yao 等[31]在柔 PET 衬底上制备了 PET/ITO/PEDOT：PSS/(PEI)₂PbI₄/MAPbI₃/PCBM/LiF/Ag 纯二维 / 三维钙钛矿堆叠结构的太阳能电池，并获得了 13.8% 的 PCE，其中二维层状钙钛矿薄膜 (PEI)₂PbI₄ 可以促进三维钙钛矿薄膜中微米尺寸晶粒的形成，并优化界面处的能级排列，从而改善空穴提取效率。此外，二维层状钙钛矿材料的加入也可增强钙钛矿太阳能电池的长期稳定性。

2016 年，Ma 等[32]将纯二维层状钙钛矿薄膜（CA₂PbI₄）覆盖在三维钙钛矿薄膜（MAPbI$_x$Cl$_{3-x}$）上，复合薄膜的稳定性得到增强，40天不发生任何降解，且三维钙钛矿薄膜优异的光电性能得以发挥，由复合薄膜作活性层的电池器件获得了 13.86% 的 PCE，220h 后效率为原始效率的 54%［图 1-9（i）］。

2017 年，Bai 等[33] 制备了如图 1-9（j）所示的 MAPbI$_3$-PEA$_2$Pb$_2$I$_4$ 的堆叠结构，并且用氧化镍（NiO）作为空穴传输层制备电池器件，除了稳定性获得显著改善之外，这种堆叠结构还改变了界面能级，从而减少了界面电荷复合，使 V_{oc} 高达 1.17V，PCE 达到 19.89%，如图 1-9（k）所示。此外，堆叠结构还可以抑制器件内部交叉层之间的离子扩散，减缓活性层的分解和金属电极的退化。

2017 年，Zhang 等[34] 在全无机钙钛矿 CsPbI$_3$ 前体溶液中加入少量二维钙钛矿乙二胺 PbI$_4$（EDAPbI$_4$），可以抑制非钙钛矿 δ 相的形成，形成稳定的 α-CsPbI$_3$ 膜，在室温下 α 相可稳定保持数月，在 100℃退火后仍可以保持 150h 以上。此外，少量 EDAPbI$_4$ 的加入也有助于减少钙钛矿薄膜 CsPbI$_3$ 中的针孔并钝化表面缺陷，最终获得 11.8% 的 PCE。

2018 年，Lin 等[35] 发现在三维钙钛矿的表面或晶界上形成的薄二维层状钙钛矿薄膜不仅可以增强光伏器件的热稳定性，还可以钝化缺陷、降低缺陷密度、延长载流子寿命，并将其器件的 PCE 提高到了 19.56%，如图 1-9（1）所示。

Gao 等人在 2019 年[36] 报道了将 CsPbBr$_3$ NPs 加入 PSCs 的氯苯反溶剂中，利用无机钙钛矿纳米晶来控制钙钛矿薄膜的结晶度、晶粒尺寸使其往低缺陷方向生长，其原理和器件效率如图 1-10 所示。这一研究发现了 CsPbBr$_3$ NPs 在 PSCs 中的新功能，即引入 CsPbBr$_3$ NPs 可以提高 MAPbI$_3$ 钙钛矿薄膜的结晶质量。此外，在 MAPbI$_3$ 顶部形成了 Cs$_{1-y}$MA$_y$PbI$_{3-x}$Br$_x$ 钝化层，改善了器件对载流子的收集。对于含有 CsPbBr$_3$ NPs 的 PSCs 其有更强的 PCE，优化后可达 20.46%，几乎没有滞后且表现出较好的稳定性。

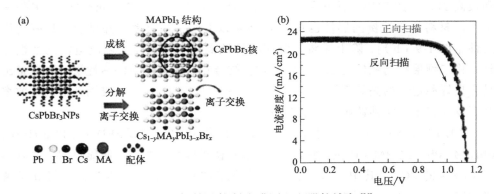

图 1-10　钙钛矿控制成膜原理和器件效率[36]

（a）基于 CsPbBr$_3$NPs 的 MAPbI$_3$ 膜的成核和离子交换原理图；

（b）含 2% CsPbBr$_3$ 器件的 J-V 曲线

2021 年，Jun Hong Noh 团队[37]通过一种无溶剂固相反应的方法，得到
2D/3D 异质结薄膜。2D 膜在 2D/3D 异质结处实现了增强的内置电势，从而产
生器件中的高光电压。完整的 2D/3D 异质结使器件具有 1.185V 的开路电压和
24.59% 的效率，经认证的准稳态 PCE 达到 24.35%（图 1-11）。完整的 2D（$n=1$）
层不仅改善了湿度和热稳定性，而且 PSC 具有出色的工作稳定性。在湿热测试
（85℃ /85% 相对湿度）下，1056h 后，封装的器件保持 94% 的初始效率。 在全

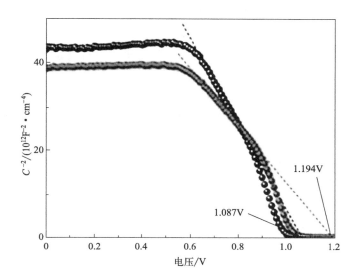

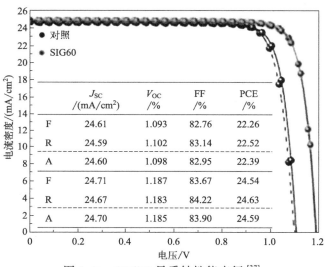

	J_{SC} /(mA/cm^2)	V_{OC} /%	FF /%	PCE /%
F	24.61	1.093	82.76	22.26
R	24.59	1.102	83.14	22.52
A	24.60	1.098	82.95	22.39
F	24.71	1.187	83.67	24.54
R	24.67	1.183	84.22	24.63
A	24.70	1.185	83.90	24.59

图 1-11　2D/3D 异质结性能表征[37]

光谱光照下，1620h 后，封装的器件保持 98% 的初始效率。Jangwon Seo 教授[38] 通过 CBD 法生长出高质量 SnO_2 电子传输层，并对钙钛矿薄膜组分进行调控，成功制备出具有优异光电转化效率的钙钛矿电池。其具有高达 17.2% 的电致发光外量子效率和高达 21.6% 的电致发光能量转换效率。作为太阳能电池，它们可实现 25.2% 的认证功率转换效率，相当于其带隙热力学极限的 80.5%。与此同时，Michael Gratzel 教授与 Jin Young Kim 教授[39] 合作开发了一种阴离子工程技术，使用赝卤化物甲酸离子（$HCOO^-$）来抑制存在于晶界和钙钛矿薄膜表面的阴离子空位缺陷，并提高薄膜的结晶度。对应的 PSC 获得了 25.6%（认证效率为 25.2%）的光电转换效率。器件具有长期的运行稳定性（450h），并具有强烈的电致发光特性，外量子效率超过 10%。

综上所述，通过调节组分或调控薄膜的生长取向可以改变二维钙钛矿材料的带隙或电荷传输特性从而提高器件的 PCE。另外，除了二维钙钛矿材料单独作太阳能电池的活性层外，将其与三维钙钛矿材料结合在一起作电池的活性层，可获得高效率稳定型的太阳能电池。二维钙钛矿材料的加入不仅使器件更稳定，还起到了钝化三维钙钛矿薄膜表面、调节界面能带排列、抑制离子扩散、保持全无机钙钛矿相稳定等作用。

1.3.2　在发光二极管中的应用

发光二极管（LED）是在半导体材料中注入的电子与空穴复合实现辐射发光的器件，用于评估 LED 器件性能的参数包括光致发光量子产率（PLQY）、外量子效率（EQE）、亮度或最大亮度及电流效率（CE）等。由于具有较大的激子结合能，二维层状钙钛矿材料中的辐射复合过程比三维钙钛矿材料更有优势，且其组分具有更大的可调性，因此在 LED 器件中有着极大的应用价值。

目前，最先进的商用 LED 通常采用高质量、直接带隙的 Ⅲ - Ⅴ 族半导体（如 GaAs 和 GaN），但高制备成本限制了它们的广泛应用。采用低成本溶液制备的半导体，如胶体量子点（QDs）和有机半导体受到了关注，并取得了很大的进步。量子点的发射峰可以通过改变其尺寸和量子限制效应进行调整。然而，当 LED 中的驱动电流增加到高电流密度时，由于俄歇复合 EQE 下降（也称为"效率滚降"），这是 Ⅲ - Ⅴ LED、QD LED 和有机 LED（OLED）中存在的问题。具有可调带隙、高 PLQY、低成本沉积和有效的电荷传输性能的高质量杂化钙钛矿的出现，使得钙钛矿 LED 受到广泛的关注，但钙钛矿 LED 的稳定性是一个主要问题。性能优异的三维钙钛矿 LED 器件会在几分钟或几次电压扫描中降级，而二维层状钙钛矿可改善传统钙钛矿的不稳定性问题。关于二维层状钙钛矿的 LED 早在 1994 年就已有报道[40]，二极管的器件结构如图 1-12（a）所示，二维层状钙钛矿材料为 $(PEA)_2PbI_4$，器件发光峰位于 520nm，在 $2A/cm^2$ 的驱动下达到了 10000cd/m² 的亮度，但是 24V 的高工作电压和液氮工作温度限制了其实际应用。为了解决液氮温度的限制，1999 年，Chondroudis 等[41] 将染料分子（AEQT）作为有机阳离子合成了二维层状钙钛矿 AEQTPbCl₄ 材料，并制备了 LED 器件，实现了室温电致发光，其发光峰位于 530nm，且拥有低的开启电压（5.5V），但其最大效率仅为 0.11m/W，PCE 仅为 0.11%，同时 AEQTA 在普通溶液中溶解度较低，只能通过热熔法制备钙钛矿薄膜。

钙钛矿发光二极管具有效率高、色纯度高、成本低、发光波长在可见光区域连续可调等优势，在显示、照明、成像等领域具有很大的应用潜力。但在 2009 年之前，只有少数研究人员使用有机 - 无机复合钙钛矿材料探索发光二极管（PeLEDs）。当时，由于温度的制约，只有在液氮温度下，才能观测到钙钛矿材料的发光。温度的限制成为当时 LED 发展的主要障碍。1996 年 Hattori 通过调节有机 - 无机复合钙钛矿材料的 A 位离子优化钙钛矿材料，但制备出的 LED 还是无法在高温下工作。在 20 世纪后期，Mitzi 等通过更换新的阳离子合成卤族钙钛矿，终于制备出在室温下可以工作的 LED。2014 年，Tan 等人[42] 第一次以 $CH_3NH_3^+$ 为基础制备了卤族钙钛矿 LED，通过调节卤素阴离子来实现在近红光、绿光、黄光等区域的光调节，实现了可调的电致发光。

近年来，由于溶液制备的 MAPbX₃ 钙钛矿太阳能电池取得了巨大成功，钙钛矿 LED 的研究也取得了快速的发展，EQE 不断提高，发光颜色也实现了紫色、绿色、红色等。2014 年，Dohner 等[43] 制备了基于 N- 甲基乙烷 -1,2- 二胺（N-MEDA）阳离子的纯二维钙钛矿（N-MEDA）PbBr₄ 白光材料，如图 1-12（b）所示，其色度坐标（CEI）为（0.36，0.41），相关色温（CCT）为 4669K，可用作室内照明的暖色白光源，但其 PLQY 仅为 0.5%。通过 Cl 离子部分取代 Br 离子制备（N-MEDA）PbBr₄₋ₓClₓ，当 x=0.5 时，获得了冷白光，其色坐标为（0.31，0.36），接近纯白光的色坐标，CCT 为 6502K；当 x=1.5 时，其 PLQY 提升至 1.5%。为了进一步提高 PLQY，Dohner 等[44] 采用一种二维钙钛矿，2,2′-乙二醇双氨基乙基醚 PbBr₄ 白光材料［(EDBE)PbBr₄］，实现了 9% 的 PLQY，并在连续光照 3 个月后仍保持稳定。除了白光 LED 外，2016 年，Liang 等[45] 制备了基于 (PEA)₂PbBr₄ 的紫色 LED，通过溶剂退火将多晶薄膜变为微米级的纳米片，不仅提高了材料的结晶度和光物理性质，还提高了器件的 EQE，虽然其 EQE 仍然较低，但迈出了室温下紫色二维层状钙钛矿 LED 的第一步。图 1-12（c）为 (PEA)₂PbBr₄ 器件的电致发光谱，以 410nm 为中心的主峰，电致发光谱（EL 光谱）相对于其 PL 发射峰红移了 3nm，这可能是较小的光学腔效应所致。

上述 LED 器件都是基于纯二维层状钙钛矿材料［化学式为 (RNH₃)₂BX₄，即 n=1，n 为夹在大的有机阳离子层之间的钙钛矿层数］，其中的有机绝缘层比例较大，使载流子的迁移率降低从而影响器件的性能。为了改善载流子的迁移率又不丧失量子限制效应，研究者们将准二维层状钙钛矿材料（$n > 1$）应用于LED器件中。2016年，Byun等[46]报道了如图1-12（d）所示的基于$PEA_2MA_{n-1}Pb_nBr_{3n+1}$准二维钙钛矿LED，由于薄膜质量的提高、激子约束的增强以及陷阱密度的降低，准二维钙钛矿LED显示出比三维钙钛矿LED更高的电流效率和亮度，最佳器件的最高电流效率和亮度分别为4.90cd/A和2935cd/m^2。Yuan等[47]也报道了基于$PEA_2MA_{n-1}Pb_nI_{3n+1}$准二维钙钛矿材料的LED器件，$n=5$时，器件的EQE达到了8.8%。除了PEA阳离子外，基于BA阳离子的准二维钙钛矿LED也被报道。2016年，Hu等[48]报道了基于$BA_2MA_2Pb_3I_{10}$材料的红光LED器件，获得了最高2.29%的EQE及214cd/m^{2}的亮度，将I离子用Br离子部分取代，还制备出了绿光及蓝光LED器件。此外，基于$(NMA)_2FAPb_2I_6Br$（NMA为萘甲胺基团，FA为甲脒基团）准二维钙钛矿材料的LED器件也获得了11.7%的EQE，并显示出了良好的稳定性。2017年，Xiao等[49]报道了一种纳米级微晶钙钛矿LED，添加到钙钛矿前体溶液中的大型卤化铵可作为表面活性剂，在成膜过程中限制钙钛矿晶粒的生长，产生尺寸小至10nm和膜粗糙度小于1nm的微晶，将这些纳米级大小的钙钛矿晶粒与长链的有机阳离子结合得到了高效发光层，制备的LED二维钙钛矿$BA_2MA_{n-1}Pb_nX_{3n+1}$器件获得了10.4%（X=I）及9.3%（X=Br）的EQE，且在氮气环境中放置8个月后没有退化。

同年，Zhang等[50]将无机Cs引入多量子阱（MQW）二维层状钙钛矿$(NMA)_2Pb_nI_{3n+1}$器件，实现了高性能红色LED器件的制备。MQW结构有助于在低温下形成立方$CsPbI_3$钙钛矿，使得基于Cs的QW能够提供纯的和稳定的红色电致发光。结果表明，加入C1可以进一步提高发光层的结晶度，可实现2.0V的低开启电压，3.7%的EQE及4V电压下440cd/m^{2}的亮度，如图1-12（e）所示，且LED器件在10mA/cm^{2}的恒定电流密度下显示超过5h寿命的记录。随后，Tian等[51]将准二维钙钛矿材料$(BA)_2(Cs)_{n-1}Pb_nI_{3n+1}$与聚氧化乙烯（PEO）复合薄膜作为发光层，获得了从红光到深红光颜色可调的高效稳定的LED器件，比单独准二维钙钛矿发光层的器件拥有更高的PLQY，680nm发光器件的亮度和EQE分别达到1392cd/m^{2}和6.23%，如图1-12（f）所示。

通过一般溶液法制备的准二维钙钛矿材料通常含有相混合物，而相杂质可能导致低发光效率，因此精确控制组分或相对高效发光尤为重要。此外，溶液法制备的准二维钙钛矿比三维钙钛矿晶粒尺寸更小，薄膜表面及晶界处的缺陷陷阱更多，导致非辐射复合增多从而降低发光效率。2018年，Yang等[52]通过调节组分相结合表面钝化获得了高达62.4cd/A的电流效率和14.36% EQE的绿光器件，如图1-12（g）～（h）所示。具体地，发光层材料为$PEA_2(FAPbBr_3)_{n-1}$

PbBr$_4$，当 $n=3$ 时器件的发光最强，进一步通过三辛基膦氧化物（TOPO）钝化准二维钙钛矿薄膜表面获得了性能优越的 LED 器件。同年，Tsai 等[53] 也报道了颜色可调并且高效稳定的基于 (BA)$_2$(MA)$_{n-1}$Pb$_n$I$_{3n+1}$ 的纯相二维钙钛矿 LED 器件，通过使用垂直取向的薄膜以促进高效的电荷注入和传输，获得在 744 nm 处具有 35W/(sr·cm^2) 辐射率的高效电致发光且具有 1V 的超低开启电压。测试表明，相纯度与稳定性密切相关。与三维钙钛矿相比，纯相位二维钙钛矿器件表现出大于 14h 的稳定性。

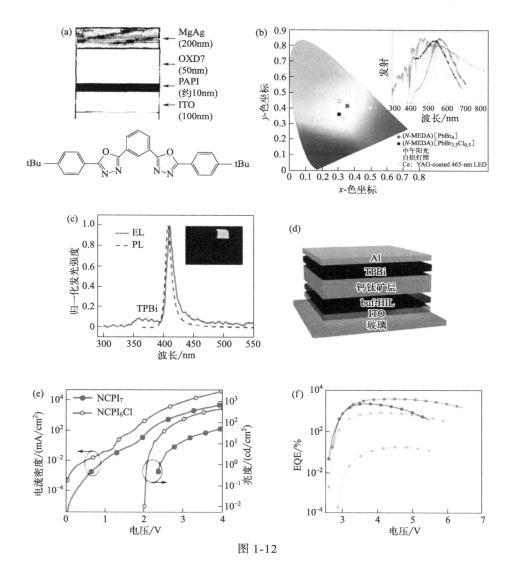

图 1-12

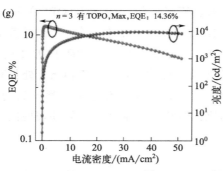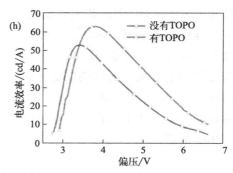

图 1-12　LED 的结构、性能示意图

（a）EL 器件结构[40]；（b）发光体的色度坐标，插图为发射谱[43]；（c）LED 器件的发光[45]；

（d）准二维钙钛矿 LED 的结构示意图[46]；（e）器件的电流密度、亮度与驱动

电压的关系[50]；（f）器件的 EQE 与电压的关系[51]；（g）具有钝化层的

最优器件的 EQE；（h）器件的电流效率 - 电压曲线[52]

　　2015 年，Natalia Yantara 等人[54]首次将全无机的 $CsPbBr_3$ 薄膜制成 LED，通过改变 $CsBr-PbBr_3$ 前体浓度以控制缺陷密度最终实现发光的增强，最强发光亮度达到了 $407cd/m^2$。随后，越来越多的研究者陆续加入钙钛矿发光二极管的研究行列中。同年，曾海波团队[55]报道了基于全无机钙钛矿 $CsPbX_3$（X= Cl、Br、I）纳米晶的新型量子点发光二极管，通过调节复合物卤素（CI、Br、I）的比例和量子点尺寸来控制发光波长，然后采用 ITO/PED OT：PSS/PVK/QDs/TPBi/LiF/Al 的分层结构制作了蓝、绿、黄三种发光二极管，分别获得了 $742cd/m^2$、$946cd/m^2$、$528cd/m^2$ 的亮度和 0.07%、0.12% 和 0.09% 的外量子效率，如图 1-13 所示。由于量子点的常规热注入合成法只能在高温、惰性气体保护和快速注入实验条件下进行，且合成过程比较烦琐，他们在 2016 年首次报道了全无机钙钛矿量子点的常温法制备方法，通过对卤素元素和粒子大小的精细控制，发光光谱可覆盖整个可见光区域[56]。相比于热注入法，该方法同样有较好的光致发光性能、线宽窄、量子产率可达 90%、光稳定性好等特点。

　　2018 年，绿光和红光的无机钙钛矿发光二极管的外量子效率最高分别达 14% 和 12%，远远落后于无机钙钛矿发光二极管。于是，Lin 等人[57]通过引入一层 MABr 钝化 $CsPbBr_3$ 晶体中的非辐射缺陷位点并平衡电荷注入，同时根据钙钛矿前驱体的不同溶解度来控制 $CsPbBr_3$/MABr 层的结晶过程，最终制得了 20.3% 外量子效率的发光二极管，器件结构如图 1-14 所示。

　　2020 年，Dai 等人[58]提出使用一种双端二胺溴化盐原位钝化室温合成的 $CsPbBr_3$ NCs 的表面缺陷，通过对表面溴化物空位的修复，获得了光致发光量子产率（PLQY）超过 90% 的优质纳米溶液，图 1-15 为相应机理和性能。同时，

配体由长链油胺变成缩短的二胺溴可以显著增强整个钙钛矿薄膜的电荷输运，改变其 LED 性能，最佳器件的最大发光度可达 $14021cd/m^2$，电流效率为 25.5cd/A。

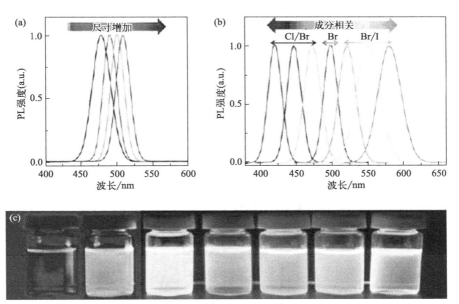

图 1-13　全无机钙钛矿 $CsPbX_3$ 量子点尺寸、组分依赖的发光特性

（a）在 140℃、155℃、170℃和 185℃生长的不同尺寸 $CsPbX_3$ 量子点的 PL 光谱；
（b）调节 $CsPbX_3$ 中的卤素元素比例的 PL 光谱；（c）与图（b）对应的 $CsPbX_3$ 量子点荧光照片[55]

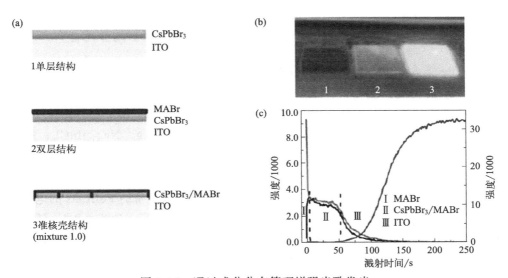

图 1-14　通过成分分布管理增强光致发光

（a）器件示意图；（b）薄膜荧光照片；（c）SIMS 结果图[57]

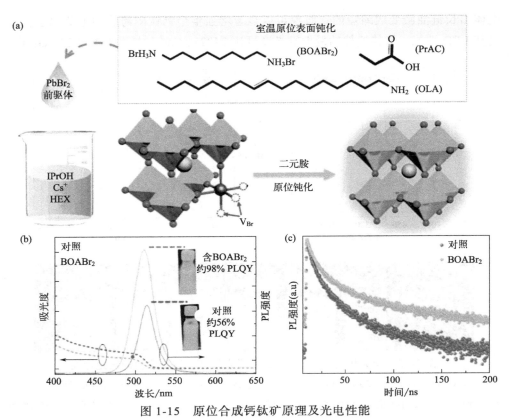

图 1-15　原位合成钙钛矿原理及光电性能

（a）室温原位表面钝化 CsPbBr₃ NCs 示意图；（b）钝化前后 CsPbBr₃ NCs 的紫外 -
可见吸收光谱和稳态 PL 光谱；（c）钝化前后 CsPbBr₃ NCs 的时间分辨 PL 谱[58]

　　Tang 等人[59]通过 Na^+ 合金化打破了 $Cs_2AgInCl_6$ 的奇偶禁入跃迁，导致通过自捕获激子的辐射复合而产生高效率的白色发光（图 1-16）。此外，Bi^{3+} 的掺入可以改善晶体的结晶性，促进激子的局域化。通过 Na^+ 合金化（摩尔分数为30%）和随后的 Bi^{3+} 掺杂（摩尔分数为 1.7%），使 $Cs_2(Ag_{0.70}Na_{0.30})InCl_6$：Bi 呈现暖白光，并具有（86±5）% 的量子效率，工作时间超过 1000h。Shi 等人[60]研究了一种具有高发光效率和优异稳定性的全无机异质结构钙钛矿型 LED。为了评估 PeLEDs 的性能，对一系列参数进行了连续测量。制备的 PeLEDs 的电流密度和发光强度高度依赖于外加电压[61]。该器件的开启电压大约为 2.8V，低于先前报道的钙钛矿型 QD 基 LED 的开启电压。此外，在 3.0～8.0V 的不同偏压下，所得器件表现出具有不同强度的绿色发光（约 519nm）。在较低注入电流密度下，所制备的 PeLEDs 器件表现出相对较高的外量子效率（EQE）、功率效率和电流效率[62]。这种性能提升可能是由电荷注入期间较低的能量损失造成的。此外，这种全无机钙钛矿基 QD LEDs 在连续偏压（4.0V、6.0V 和 8.0V）下表现出良好的运行稳定性。Chu 等人[63]引入乙氧基化三羟甲基丙烷三丙烯酸酯（ETPTA）作为溶解在反溶剂中的功能添加剂，以在纺丝过程中钝化表面缺陷和体积缺陷。ETPTA 可以通过钝化和／或抑制缺陷来有效地降低电荷俘获状态。最终，被 ETPTA 充分钝化的钙钛矿薄膜使该器件实现了 22.49% 的最大外量子效率，这是迄今为止最高效的绿光 PeLED。

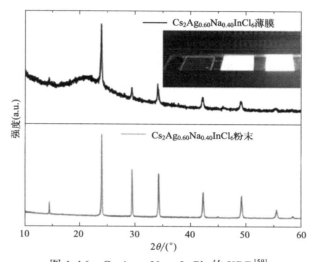

图 1-16　$Cs_2Ag_{0.60}Na_{0.40}InCl_6$ 的 XRD[59]

插图为在 254nm 紫外光照射下，$Cs_2Ag_{0.60}Na_{0.40}InCl_6$ 薄膜的发光情况

　　总之，基于纯二维或准二维层状钙钛矿的 LED 器件具有高亮度发光、宽谱颜色可调性以及卓越的色纯度等优点，器件性能优于三维钙钛矿器件，其主要原因是激子结合能大，PLQY 高，能够有效地辐射复合。

1.4　钙钛矿光电材料的发展前景

　　鉴于二维钙钛矿独特的结构组成特点以及合成成本低、原料丰富、电荷传输优异、易于大规模生产、量子产率高、结晶度高以及光吸收性好等一系列独特的性质，该类材料在光电子器件如太阳能电池、发光二极管、光电探测器和场效应晶体管等方面都表现出了良好的潜在应用价值。

　　然而，目前钙钛矿材料的研究还面临着重要的挑战。首先，需要可重复地制备高质量钙钛矿材料。钙钛矿材料的纯度、结晶性与缺陷密度等参数对其发光性能有显著的影响。虽然钙钛矿材料本征缺陷可以通过使用超洁净环境、提升退火温度或者减缓其冷却速率进行一定程度的消除，但如何测定材料及其薄膜的晶界和表面缺陷密度以及如何进一步消除这些缺陷仍未得到很好的解决。同时，钙钛矿由于外部温度、湿度等导致的非本征稳定性和潜在化学反应、相转移以及离子或原子扩散导致的本征不稳定性，对材料性能以及器件重现性也具有影响。

其次制约钙钛矿材料应用的问题是其稳定性。通过使用碳作为钙钛矿接触电极和疏水层并加以修饰，以及通过在一步法制备钙钛矿过程中引入磷酸铵添加剂，其中—PO(OH)$_2$和—NH$_3^+$能在钙钛矿晶粒中起到交联作用，从而能在一定程度上阻挡水分的进入，提升器件稳定性。目前，钙钛矿太阳能电池在不同环境下的稳定性已经进行了大量的测试，包括热带沙漠气候、长时间室内光照处理以及在80~85℃条件下的高温三个月测试，另外还包括超过1cm^{2}的钙钛矿太阳能电池大面积稳定性测试。虽然在测试的过程中依旧能保持较好的器件效率，但是在实际应用中能否抵抗一年、十年甚至更长时间的各种环境条件的影响，还需要投入更多的研究。

再次制约其应用的问题是如何避免使用毒性重金属元素。所制备的含Pb元素的铅蓄电池在汽车电池行业广泛使用，但是如何循环使用仍未得到有效解决。特别是基于铅卤钙钛矿的太阳能电池对水分特别敏感，钙钛矿极易溶解于水而被释放到环境中造成污染，因此如何选用合适的金属元素解决毒性问题值得进一步探索。针对钙钛矿金属部分无铅型的优化，如何实现环境友好型的高效率器件，解决大面积工业生产的发热（寿命）、成本、标准符合等仍旧是我们今后需要解决的问题。

尽管存在以上挑战，相信随着钙钛矿材料研究的迅速推进，这些挑战会逐渐得到解决。此外，近期的研究显示形貌对钙钛矿发光性质具有重要影响，通过调控制备工艺获得纳米量子点、纳米线、纳米棒、纳米片、单晶以及微晶等不同形貌，能够实现钙钛矿从几十纳米到几微米调节的钙钛矿薄膜晶体尺寸，从而使得带隙以及发光寿命等均发生变化。目前调控钙钛矿材料形貌的主要方法是改变制备过程中的原料组成与反应过程中的各种参数。尽管通过温度和组成调控可以获得不同带隙的钙钛矿材料，一定程度上实现了钙钛矿材料从近红外到可见光范围内的多色发光，但其中的具体机理还有待深入研究。可以有效地调控钙钛矿材料形貌、制备高度均匀的方法也值得进一步探究。

参考文献

[1] Saparov B，Mitzi D B. Organic-inorganic peroveskites：structural versatility for functional materials design[J]. Chemical Reviews，2016，116（7）：4558-4596.

[2] Milot R L，Sutton R J，Eperon G E，et al. Charge-carrier dynamics in 2D hybrid metal-halide perovskites[J]. Nano Letters，2016（11）：7001-7007.

[3] Cao D H，Stoumpos C C，Farha O K，et al. 2D homologous perovskites as light-absorbing materials for solar cell applications[J]. Journal of the American Chemical Society，2015，137

(24): 7842-7850.

[4] Wang Y, Zhang M, Xiao K, et al. Recent progress in developing efficient monolithic all-perovskite tandem solar cells[J]. Journal of Semiconductors, 2020, 41 (5): 4-14.

[5] Bekenstein Y, Koscher B A, Eaton S W, et al. Highly luminescent colloidal nanoplates of perovskite cesium lead halide and their oriented assemblies [J]. Journal of the American Chemical Society, 2015, 137 (51): 16008-16011.

[6] Akkerman Q A, Motti S G, Srimath Kandada A R, et al. Solution synthesis approach to colloidal cesium lead halide perovskite nanoplatelets with monolayer-level thickness control [J]. Journal of the American Chemical Society, 2016, 138 (3): 1010-1016.

[7] Wang K H, Wu L, Li L, et al. Large-scale synthesis of highly luminescent perovskite-related CsPb$_2$Br$_5$ nanoplatelets and their fast anion exchange [J]. Angewandte Chemie International Edition, 2016, 128 (29): 8468-8472.

[8] Zhao B, Abdi-Jalebi M, Tabachnyk M, et al. High open-circuit voltages in tin-rich low-bandgap perovskite-based planar heterojunction photovoltaics [J]. Advanced Materials, 2017, 29 (2): 1604744.

[9] Xing G, Mathews N, Sun S, et al. Long-range balanced electron-and hole-transport lengths in organic-inorganic CH$_3$NH$_3$PbI$_3$[J]. Science, 2013, 342 (6156): 344-347.

[10] Stranks S D, Eperon G E, Grancini G, et al. Electron-hole diffusion lengths exceeding 1 micrometer in an organometal trihalide perovskite absorber [J]. Science, 2013, 342 (6156): 341-344.

[11] Device Performance[EB/OL]. https://www.nrel.gov/pv/device-performance.html.

[12] Kojima A, Teshima K, Shirai Y, et al. Organometal halide perovskites as visible-light sensitizers for photovoltaic cells [J]. Journal of the American Chemical Society, 2009, 131 (17): 6050-6051.

[13] Wang S H, Sakurai T, Wen W J, et al. Energy level alignment at interfaces in metal halide perovskite solar cells [J]. Advanced Materials Interfaces, 2018, 5 (22): 1800260.

[14] Li Y, Ji L, Liu R G, et al. A review on morphology engineering for highly efficient and stable hybrid perovskite solar cells [J]. Journal of Materials Chemistry A, 2018, 6 (27): 12842-12875.

[15] Petrus M L, Schlipf J, Li C, et al. Capturing the sun: A review of the challenges and perspectives of perovskite solar cells [J]. Advanced Energy Materials, 2017, 7 (16): 1700264.

[16] Gong J, Guo P J, Benjamin S E, et al. Cation engineering on lead iodide perovskites for stable and high-performance photovoltaic applications [J]. Journal of Energy Chemistry, 2018, 27 (4): 1017-1039.

[17] Kim H S, Lee C R, Im J H, et al. Lead Iodide perovskite sensitized all-solid-state submicron thin film mesoscopic solar cell with efficiency exceeding 9% [J]. Scientific Reports, 2012, 2 (1): 591.

[18] Liu M Z, Johnston M B, Snaith H J. Efficient planar heterojunction perovskite solar cells by vapour deposition [J]. Nature, 2013, 501 (7467): 395-398.

[19] Zhou H P, Chen Q, Li G, et al. Interface engineering of highly efficient perovskite solar cells [J]. Science, 2014, 345 (6196): 542-546.

[20] Yang W S, Noh J H, Jeon N J, et al. High-performance photovoltaic perovskite layers fabricated through intramolecular exchange [J]. Science, 2015, 348 (6240): 1234-1237.

[21] Yang W S, Park B W, Jung E H, et al. Iodide management in formamidinium-lead-halide-based perovskite layers for efficient solar cells [J]. Science, 2017, 356 (6345): 1376-1379.

[22] Greul E, Petrus M L, Binek A, et al. Highly stable, phase pure $Cs_2AgBiBr_6$ double perovskite thin films for optoelectronic applications [J]. Journal of Materials Chemistry A, 2017, 5 (37): 19972-19981.

[23] Smith I C, Hoke E T, Solis-Ibarra D, et al. A layered hybrid perovskite solar-cell absorber with enhanced moisture stability [J]. Angewandte Chemie International Edition, 2014, 53 (42): 11232-11235.

[24] Cao D H, Stoumpos C C, Farha O K, et al. 2D homologous perovskites as light-absorbing materials for solar cell applications [J]. Journal of the American Chemical Society, 2015, 137 (24): 7843-7850.

[25] Quan L N, Yuan M J, Comin R, et al. Ligand-stabilized reduced-dimensionality perovskites[J]. Journal of the American Chemical Society, 2016, 138 (8): 2649-2655.

[26] Yao K, Wang X F, Xu Y X, et al. Multilayered perovskite materials based on polymeric-ammonium cations for stable large-area solar cell [J]. Chemistry of Materials, 2016, 28 (9): 3131-3138.

[27] Tsai H, Nie W Y, Blancon J C, et al. High-efficiency two-dimensional Ruddlesden-Popper perovskite solar cells [J]. Nature, 2016, 536 (7616): 312-316.

[28] Zhang X, Munir R, Xu Z, et al. Phase transition control for high performance Ruddlesden-Popper perovskite solar cells [J]. Advanced Materials, 2018, 30 (21): 1707166.

[29] Zhang X, Ren X D, Liu B, et al. Stable high efficiency two-dimensional perovskite solar cells via cesium doping [J]. Energy & Environmental Science, 2017, 10 (10): 2095-2102.

[30] Wang Z P, Lin Q Q, Chmiel F P, et al. Efficient ambient-air-stable solar cells with 2D-3D heterostructured butylammonium-caesium-formamidinium lead halide perovskites [J]. Nature Energy, 2017, 2 (9): 17135.

[31] Yao K, Wang X F, Xu Y X, et al. A general fabrication procedure for efficient and stable planar perovskite solar cells: morphological and interfacial control by in-situ-generated layered perovskite [J]. Nano Energy, 2015, 18: 165-175.

[32] Ma C Y, Leng C Q, Ji Y X, et al. 2D/3D perovskite hybrids as moisture-tolerant and efficient light absorbers for solar cells [J]. Nanoscale, 2016, 8 (43): 18309-18314.

[33] Bai Y, Xiao S, Hu C, et al. Dimensional engineering of a graded 3D-2D halide perovskite interface enable sultra high VOC enhanced stability in the p-i-n photovoltaics [J]. Advanced Energy Materials, 2017, 7 (20): 1701038.

[34] Zhang T Y, Dar M I, Li G, et al. Bication lead iodide 2D perovskite component to stabilize inorganic α-$CsPbI_3$ perovskite phase for high-efficiency solar cells [J]. Science Advances, 2017, 3 (9): e1700841.

[35] Lin Y, Bai Y, Fang Y J, et al. Enhanced thermal stability in perovskite solar cells by assembling 2D/3D stacking structures [J]. The Journal of Physical Chemistry Letters, 2018, 9 (3): 654-658.

[36] Gao Y B, Wu Y J, Lu H B, et al. $CsPbBr_3$ perovskite nanoparticles as additive for environmentally stable perovskite solar cells with 20.46% efficiency [J]. Nano Energy, 2019, 59: 517-526.

[37] Jang Y W, Lee S, Yeom K M, et al. Intact 2D/3D halide junction perovskite solar cells via solid-phase in-plane growth [J]. Nature Energy, 2021, 6 (1): 63-71.

[38] Yoo J J, Seo G, Chua M R, et al. Efficient perovskite solar cells via improved carrier management [J]. Nature, 2021, 590 (7847): 587-593.

[39] Jeong J, Kim M, Seo J, et al. Pseudo-halide anion engineering for alpha-FAPbI_3 perovskite solar cells [J]. Nature, 2021, 592 (7854): 381-385.

[40] Era M, Morimoto S, Tsutsui T, et al. Organic-inorganic hetero structure electroluminescent device using a layered perovskite semiconductor $(C_6H_5C_2H_4NH_3)_2PbI_4$ [J]. Applied Physics Letters, 1994, 65 (6): 676-678.

[41] Chondroudis K, Mitzi D B. Electroluminescence from an organic-inorganic perovskite incorporating a quarter thiophene dye within lead halide perovskite layers [J]. Chemistry of Materials, 1999, 11 (11): 3028-3030.

[42] Tan Z K, Moghaddam R S, Lai M L, et al. Bright light-emitting diodes based on organometal halide perovskite [J]. Nature Nanotechnology, 2014, 9 (9): 687-692.

[43] Dohner E R, Hoke E T, Karunadasa H I. Self-assembly of broad band white-light emitters [J]. Journal of the American Chemical Society, 2014, 136 (5): 1718-1721.

[44] Dohner E R, Jaffe A, Bradshaw L R, et al. Self-assembly of broadband white-light emitters [J]. Journal of the American Chemical Society, 2014, 136 (5): 1718-1721.

[45] Liang D, Peng Y L, Fu Y P, et al. Color-pure violet-light-emitting diodes based on layered lead halide perovskite nanoplates [J]. ACS Nano, 2016, 10 (7): 6897-6904.

[46] Byun J, Cho H, Wolf C, et al. Efficient visible quasi-2D perovskite light-emitting diodes [J]. Advanced Materials, 2016, 28 (34): 7515-7520.

[47] Yuan M, Quan L N, Comin R, et al. Perovskite energy funnels for efficient light-emitting diodes [J]. Nature Nanotechnology, 2016, 11(10): 872-877.

[48] Hu H W, Salim T, Chen B B, et al. Molecularly engineered organic-inorganic hybrid perovskite with multiple quantum well structure for multicolored light-emitting diodes [J]. Scientific Reports, 2016, 6: 33546.

[49] Xiao Z G, Kerner R A, Zhao L F, et al. Efficient perovskite light-emitting diodes featuring nanometre-sized crystallites [J]. Nature Photonics, 2017, 11 (2): 108-115.

[50] Zhang S T, Yi C, Wang N N, et al. Efficient red perovskite light-emitting diodes based on solution-processed multiple quantum wells [J]. Advanced Materials, 2017, 29 (22): 1606600.

[51] Tian Y, Zhou C K, Worku M, et al. Light-emitting diodes: highly efficient spectrally stable red perovskite light-emitting diodes [J]. Advanced Materials, 2018, 30 (20): 1870142.

[52] Yang X L, Zhang X W, Deng J X, et al. Efficient green light-emitting diodes based on quasi-two-dimensional composition and phase engineered perovskite with surface passivation [J]. Nature Communications, 2018, 9: 570.

[53] Tsai H, Nie W Y, Blancon J C, et al. Stable light-emitting diodes using phase-pure ruddles den-popper layered perovskites[J]. Advanced Materials, 2018, 30 (6): 1704217.

[54] Yantara N, Bhaumik S, Yan F, et al. Inorganic halide perovskites for efficient light-emitting diodes [J]. Journal of Physical Chemistry Letters, 2015, 6 (21): 4360-4364.

[55] Song J Z, Li J H, Li X M, et al. Quantum dot light-emitting diodes based on inorganic perovskite cesium lead halides ($CsPbX_3$) [J]. Advanced Materials, 2015, 27 (44): 7162-7167.

[56] Li X M, Wu Y, Zhang S L, et al. $CsPbX_3$ quantum dots for lighting and displays: room-temperature synthesis, photoluminescence superiorities, underlying origins and white light-emitting diodes [J]. Advanced Functional Materials, 2016, 26 (15): 2435-2445.

[57] Lin K B, Xing J, Quan L N, et al. Perovskite light-emitting diodes with external quantum efficiency exceeding 20 percent [J]. Nature, 2018, 562 (7726): 245-248.

[58] Dai J F, Xi J, Zu Y Q, et al. Surface mediated ligands addressing bottleneck of room-temperature synthesized inorganic perovskite nanocrystals toward efficient light-emitting diodes [J]. Nano Energy, 2020, 70: 104467.

[59] Luo J J, Wang X M, Li S R, et al. Efficient and stable emission of warm-white light from lead-free halide double perovskites [J]. Nature, 2018, 563 (7732): 541-545.

[60] Shi Z, Li S, Li Y, et al. Strategy of solution-processed all-inorganic heterostructure for humidity/temperature-stable perovskite quantum dot light-emitting diodes [J]. ACS Nano, 2018, 12 (2): 1462-1472.

[61] Zhang X, Lin H, Huang H, et al. Enhancing the brightness of cesium lead halide perovskite nanocrystal based green light-emitting devices through the interface engineering with perfluorinated lonomer [J]. Nano Letters, 2017, 17 (1): 598.

[62] Li G, Rivarola F W R, Davis N J L K, et al. Highly efficient perovskite nanocrystal light-emitting diodes enabled by a universal crosslinking method [J]. Advanced Materials, 2016, 28 (18): 3528-3534.

[63] Chu Z, Ye Q, Zhao Y, et al. Perovskite light-emitting diodes with external quantum efficiency exceeding 22% via small-molecule passivation [J]. Advanced Materials, 2021, 33 (18): 2007169.

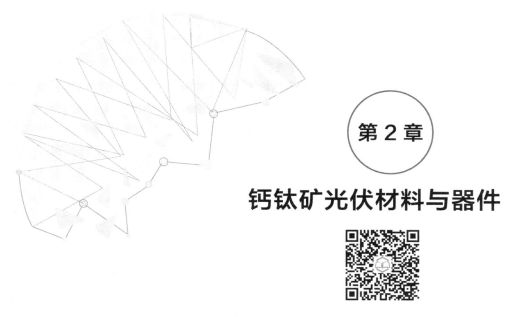

第 2 章

钙钛矿光伏材料与器件

与传统的自然资源诸如煤、石油和天然气比较，太阳能是一种清洁和可再生的能源，它提供了一种解决人类社会日益迅猛增长的能源需求的方法。基于光伏效应的太阳能电池是一种可以将太阳能转换成电能的非常有效的光伏设备。目前晶体硅基太阳能仍旧主导全球光伏市场，然而这类产品的高成本限制了其广泛使用。近年来，钙钛矿太阳能电池由于其效率高、制造成本低、工艺简单等特点受到广泛关注，是目前太阳能电池领域的研究热点。

2.1 钙钛矿光伏材料研究现状

2.1.1 有机－无机杂化钙钛矿材料

目前光伏市场迫切需要发展一类低成本的新型光伏技术，杂化钙钛矿太阳能电池是一类新型太阳能电池，使用有机－无机杂化钙钛矿材料诸如 $CH_3NH_3PbX_3$（X=Cl, Br, I）和 $CH_3NH_3PbI_{3-x}Cl_x$ 作为吸光层。这类材料的光电转换效率迅速增长，经过近十年发展杂化钙钛矿太阳能电池已经超越了以 CIGS 和 CdTe 为代表的第二代薄膜光伏技术，其性能仅次于单晶硅太阳能电池。这主要是由于有机－无机杂化钙钛矿材料具有适合的带隙宽度、高的吸收系数、长的载流子寿命以及适中的载流子迁移率。另外，大力发展杂化钙钛矿太阳能电池很重要的原因是这类材料储量丰富，具有成本相对较低、制备过程简单的特点。这类太阳能电池如此迅速的发展，使其在将来可以和传统的硅基太阳能电池竞争，甚至可能取代传统单晶硅太阳能电池。尽管杂化钙钛矿太阳能电池的光电转换效率提升十分迅速，但还是存在稳定性差、有毒性、大面积制备等问题，并且存在缺乏明确微观物理机制解释的一些反常实验现象，诸如巨介电常数、反常电滞回线等，理论计算的发展严重滞后于实验的发展。

钙钛矿型复合型氧化物是晶体结构与 $CaTiO_3$ 相同的一大类化合物，它们的晶体结构一般为立方体或八面体（图1-1）。在 ABX_3 晶体中A位为碱土元素，A离子位于立方晶胞的中心，被12个X离子包围成配位立方八面体，其中配位数为12；B位为过渡金属元素，B离子位于立方晶胞的顶角，被6个X离子包围成配位八面体，配位数为6。钙钛矿晶体的稳定性及可能形成的结构主要由容差因子（t）和八面体因子（μ）所决定。其中 $t=(R_A+R_X)\sqrt{2}(R_B+R_X)$，$\mu=R_B/R_X$，$R_A$、$R_B$、$R_X$ 分别表示A原子、B原子、X原子的半径。当满足 $0.81<t<1.11$ 和 $0.44<\mu<0.90$ 时，ABX_3 化合物为钙钛矿结构，其中 $t=1.0$ 时形成对称性最高的立方晶格；当 t 位于 $0.89\sim1.0$ 之间时，晶格为菱面体结构（三方晶系）；当 $t<0.96$ 时，对称性转变为正交相结构。对于有机-无机杂化钙钛矿而言，比较大的阳离子A是有机离子，目前研究比较广泛的有两种有机离子，一种是甲胺离子（$CH_3NH_3^+$，MA^+），离子半径 $R_A=0.18nm$；另一种是甲脒离子 $[HC(NH_2)_2^+$，$FA^+]$，离子半径应该在 $0.19\sim0.22nm$。阴离子X是卤素，通常是碘（$R_X=0.220nm$），也可以是溴和氯（它们离子半径分别是 $0.196nm$ 和 $0.181nm$），或者也可以是混合卤素的结构。阳离子通常是铅（$R_B=0.119nm$）也可以是锡（$R_B=0.110nm$），前者具有毒性，而后者的效率更低。在有机-无机杂化钙钛矿中 $HC(NH_2)_2PbI_3$、$CH_3NH_3PbX_3$（X=I, Br, Cl）、混合卤素 $CH_3NH_3PbI_{3-x}Cl_x$、$CH_3NH_3PbI_{3-x}Br_x$ 等材料被广泛研究。

商用化光伏电池须在大于85℃的条件下稳定工作，这就要求电池的各功能层在热应力作用下具有较强的稳定性。而对于有机-无机杂化钙钛矿太阳能电池来说，由于甲胺离子（MA^+）和甲脒离子（FA^+）等常见的A位有机阳离子具有较强的挥发性，$MAPbI_3$ 和 $FAPbI_3$ 薄膜分别在85℃和150℃的环境中会迅速分解，因而电池表现出较差的热稳定性和耐久性。例如 $MAPbI_3$ 薄膜在低温退火条件时，MA^+ 与 PbI_6 八面体之间的相互作用减弱，导致薄膜发生快速降解，使得 MA^+ 组分丢失并生成 PbI_2，如下式所示，最终使得钙钛矿薄膜的光电性能发生明显衰减。

$$CH_3NH_3PbI_3 \xrightarrow{\triangle} CH_3NH_3I + PbI_2 \tag{2-1}$$

$$CH_3NH_3I \xrightarrow{\triangle} NH_3 + CH_3I \tag{2-2}$$

另外，光照也可以使钙钛矿薄膜发生加速退化。光为 I^- 氧化为 I 的过程提供了化学势，这使得I很容易扩散到整个钙钛矿层和相邻的载流子传输层以及电极，且离子迁移率随着光照强度的增强而提高。具体的反应过程如下式所示。

$$2I^- \rightleftharpoons I_2 + 2e^- \qquad\qquad (2-3)$$

$$I^- + I_2 \rightleftharpoons I_3^- \qquad\qquad (2-4)$$

$$CH_3NH_3^+ + I_3^- \longrightarrow CH_3NH_2 + I_2 + HI \qquad\qquad (2-5)$$

Stoumpos 等人在 $100 \sim 400K$ 范围内研究了 $HC(NH_2)_2PbI_3$ 和 $CH_3NH_3PbI_3$ 单晶材料的 X 射线衍射对温度的依赖关系，并观察到这两类单晶的结构相变，如图 2-1 所示[1]。在 α 相时，$HC(NH_2)_2PbI_3$ 是三角晶体相，在室温测得的晶格参数：$a=b=8.9817(13)Å$❶，$c=11.0060(20)Å$，$\alpha=\beta=90.00°$，$\gamma=120°$；$CH_3NH_3PbI_3$ 在高于 327.4K 是赝立方晶体相，在 $T=400K$ 时晶格参数 $a=b=6.3115(2)Å$，$c=6.3161(2)Å$，$\alpha=\beta=\gamma=90.00°$。随着温度降低到 α 相 $HC(NH_2)_2PbI_3$ 晶体可以有两种相结构转变，一种是在母液中当温度降到 360K 以下时在液体界面转变成 δ 相 $HC(NH_2)_2PbI_3$；另一种是在干燥环境中当温度降到 200K 以下时转变为 β 相，温度降低到 130K 以下时转变为 γ 相。在 β 相时，$HC(NH_2)_2PbI_3$ 仍旧是三角相，然而空间群从 α 相的 $P3m1$ 降低到了 $P3$，在 150K 时测得晶体参数：$a=b=17.7914(8)Å$，$c=10.9016(6)Å$，$\alpha=\beta=90.00°$，$\gamma=120°$。在高于 327.4K 时，Poglitsch 等人发现 α 相 $CH_3NH_3PbI_3$ 晶体材料在毫米波频率测量复介电常数随频率和温度变化的规律，测量结果表明 $CH_3NH_3PbI_3$ 中有机阳离子 $CH_3NH_3^+$ 具有弛豫过程，这说明 $CH_3NH_3^+$ 位置是不固定的，并且是动力学无序的，而 PbI_6 八面体是绕 c 轴轻微扭曲的[2]，晶体结构近似为立方相。随着温度降低到 $162.2 \sim 327.4K$ 温度区间，β 相 $CH_3NH_3PbI_3$ 是四方晶体相，无机框架的扭曲度增加，在 $T=293K$ 时测量的晶体参数：$a=8.849(2)Å$，$b=8.849(2)Å$，$c=12.642(2)Å$，$\alpha=\beta=\gamma=90.00°$。在低于 162.2K 时，γ 相 $CH_3NH_3PbI_3$ 是正交晶体相，阳离子 $CH_3NH_3^+$ 的位置是固定的，相比较四方相阳离子 $CH_3NH_3^+$ 的无序性减少了，无机框架没有扭曲，测量的晶体参数：$a=8.861(2)Å$，$b=8.581(2)Å$，$c=12.620(3)Å$，$\alpha=\beta=\gamma=90.00°$。其实严格来讲在室温相和高温相时有机阳离子 $CH_3NH_3^+$ 的状态是不清楚的，因此上面所说晶体结构不是严格意义的晶体相。

还有两种有机 - 无机杂化钙钛矿的晶体结构是人们研究的重点，分别是 $CH_3NH_3PbCl_3$ 和 $CH_3NH_3PbBr_3$。$CH_3NH_3PbCl_3$ 在高于 178.8K 时是立方晶体相（α 相），晶格参数：$a=b=c=5.675Å$；在 $172.9 \sim 178.8K$ 时温度区间时是四方晶体相（β 相），晶格参数：$a=b=5.656Å$，$c=5.630Å$；在低于 172.9K 时是正交晶体相（γ 相），晶格参数：$a=5.673Å$，$b=5.628Å$，$c=11.182Å$。$CH_3NH_3PbBr_3$ 在高于 236.9K 时是立方晶体相（α 相），晶格参数：$a=b=c=5.901Å$；在 $155.1 \sim 236.9K$ 区间时是

---

❶ $1Å=0.1nm$。

四方晶体相（β相），晶格参数：$a=b=8.322$Å，$c=11.832$Å；在149.5～155.1K之间时是四方晶体相（γ相），晶格参数：$a=b=5.894$Å，$c=5.861$Å；在低于144.5K时是正交晶体相（δ相），晶格参数：$a=7.979$Å，$b=8.580$Å，$c=11.849$Å[3,4]。

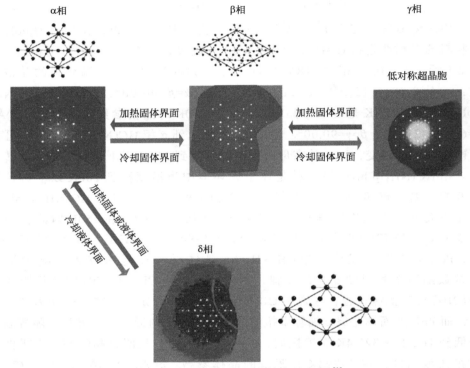

图 2-1　钙钛矿结构可逆转变示意图 [1]

　　通常由旋涂方法得到的有机-无机杂化钙钛矿薄膜材料是非晶态的，通常非晶态半导体的本征吸收边附近的吸收曲线可以分为三个区域：从价带扩展态到导带扩展态的吸收是幂指数区；从价带扩展态到导带尾的吸收是指数区；从价带尾到导带尾的吸收是弱吸收区[5]。实际上非晶半导体的带隙并没有清晰定义，而对非晶半导体的光学带隙物理意义较为明确的定义方法是 Tauc 带隙，这主要考虑了从价带扩展态到导带扩展态为幂指数区，a 是薄膜的吸收系数，c 和 γ 是与非晶半导体材料能带结构有关的参数，h 是普朗克常数，hv 是入射光子的能量，对于抛物线形的能带结构 γ 取 2，通过 $(ahv)^{1/2}$-hv 关系曲线求得的 E_g 称为 Tauc 带隙[6]。而光致发光是指物体通过外界光源激发获得能量而导致的发光现象，这个过程主要包括吸收、能量传递及光发射三个阶段，光吸收及发射都发生于材料能级之间的跃迁，具体来说光吸收是材料吸收光子使价带顶电子跃迁到导带底的过程，光发射是电子从导带底回落到价带顶的过程。人们常见的紫外辐射、可见光及红外辐射均可激发半导体材料的光致发光，如磷光与荧光物理现象。通过将吸收边线性区域外推到能量轴截距得到单晶 $CH_3NH_3PbI_3$ 和 $CH_3NH_3PbBr_3$ 的光学带隙分别 1.51eV 和 2.18eV，如图 2-2 所示[7]。单晶 $CH_3NH_3PbI_3$ 光致发光的中心波长是 820nm；单晶 $CH_3NH_3PbBr_3$ 光致发光的中心波长是 570nm。溴基和碘基杂化钙钛矿晶体展现出了快和慢的基元动力学叠加，单晶 $CH_3NH_3PbBr_3$ 材料光致发光的短寿命和长寿命分别是 41ns 和 375ns，而单晶 $CH_3NH_3PbI_3$ 材料是 22ns 和 1032ns，两个不同的时间尺度寿命应归因于表面分量（快分量）和体分量（慢分量），这说明在材料中的慢分量扩散得更深，而在表面的载流子更容易复合掉。$CH_3NH_3PbBr_3$ 与 $CH_3NH_3PbI_3$ 两种单晶比较，$CH_3NH_3PbI_3$ 单晶激发波长更长，$CH_3NH_3PbBr_3$ 单晶快激子寿命更长，而慢激子寿命更短。通过对 $CH_3NH_3PbBr_3$ 溶液制薄膜光致发光衰变的研究，发现了两个动力学过程：一个快衰变过程（大约 13ns）和一个慢衰变过程（大约 168ns），这两个值都比单晶的更快，这意味着在薄膜中陷阱诱导复合率更大，比单晶中的陷阱密度更高，说明提高晶体有序度可以减慢载流子的复合。

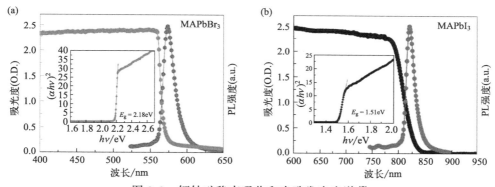

图 2-2　钙钛矿稳态吸收和光致发光光谱[7]

插图为根据 Tauc plot 方法外推得到的光学带隙

Grancini 等人证实了穿过 $CH_3NH_3PbI_3$ 单晶表面微米尺度范围结构的不均匀性，晶体面中心光致发光的中心峰值是 800nm，边缘光致发光的中心峰值是 770nm，当从晶体中心移动到晶体边缘时光致发光发生蓝移，并且光致发光衰减加速，如图 2-3 所示[8]。图 2-4（a）显示在真空条件下整个 $CH_3NH_3PbI_3$ 晶体表面包括边缘的光致发光谱都是十分宽的。随着暴露湿度增加蓝色分量成为主要，这导致在 770nm 处有一个尖锐峰（FWHM 约 22nm），如图 2-4 中（a）～（c）所示；并且光致发光的衰减动力学时间缩短，如图 2-4（d）和图 2-4（e）所示。光致发光谱是在改变测试室中空气几分钟范围内进行测量的，这说明光谱随周围环境的变化十分迅速，这样的特性说明了在室温条件下晶体表面重构是由格点扭曲诱导的，这样的结果十分有意义。暴露到湿度环境中导致测量晶体边缘的微拉曼谱在晶体表面局域扭曲，尤其在 $109cm^{-1}$ 处峰值位移到更低能量，并且观察到的强度增强意味着无机框架局域扭曲，并且伴随着在 $250cm^{-1}$ 处阳离子 $CH_3NH_3^+$ 模式红移，如图 2-4（f）所示。概括来说，这种特性是水分子通过氢键与有机阳离子和卤素离子之间相互作用的结果，尤其在晶体边缘特别显著，晶体面中心由于受到潮湿的影响更小，因此晶体面中心的晶格变化很小。在晶体边缘由于潮湿暴露结构扭曲观察到的带隙变宽不同于杂化钙钛矿转换成水合关联的光学和结构特性。$CH_3NH_3PbI_3$ 水合形式，诸如由孤立的 PbI_6 八面体构成的 $(CH_3NH_3)_4PbI_6 \cdot 2H_2O$ 化合物是淡黄色的，显示的是带隙超过了 3eV 和一个零维结构，因此，上述实验观察到的似乎是结构重组朝水合相转变的初始步。

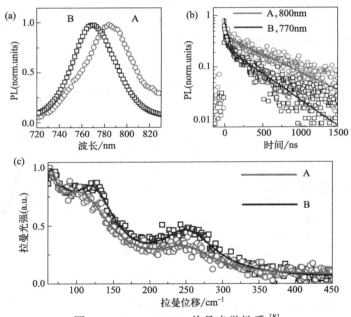

图 2-3　$CH_3NH_3PbI_3$ 单晶光学性质[8]

（a）在 690nm（能流约 $10mJ/cm^2$）波长激发氮气环境下 A 点（晶面的中心位置）和 B 点（晶面的边沿位置）的光致发光光谱。（b）在 770nm（B 光致发光谱峰值点）和 800nm（A 光致发光谱峰值点）波长的光致发光的时间衰减，实线表示拟合数据，其中 800nm 处的衰减由 $y=0.5exp(-t/\tau_1)+0.2exp(-t/\tau_2)$，$\tau_1=630ns$，$\tau_2=40ns$ 拟合得出；770nm 处的衰减由 $y=0.2exp(-t/\tau_1)+0.44exp(-t/\tau_2)$ 拟合得出。（c）在氮气环境 B 点（方块）和 A 点（圆点）拉曼谱拟合结果（实线）

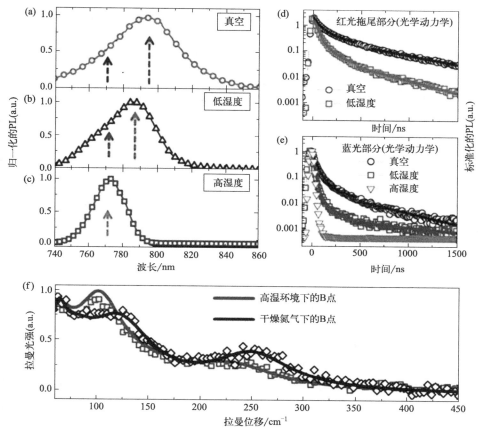

图 2-4　在能量密度 10μJ/cm² 时真空条件（a）、低湿空气条件下（b）、高湿空气条件下
（c）的归一化光致发光谱，以及沿（a）～（c）中箭头指示的波长的动力学
（d）、（e）和干燥氮气对比高湿环境在 B 点的拉曼谱比较（f）[8]
（d）和（e）中的实线表示指数拟合：用 $y=0.9\exp(-t/\tau_1)+0.1\exp(-t/\tau_2)$，$\tau_1=35ns$，
$\tau_2=240ns$ 来拟合真空中衰减；用 $y=0.95\exp(-t/\tau_1)+0.05\exp(-t/\tau_2)$，$\tau_1=26ns,\tau_2=200ns$
来拟合低湿条件下的衰减；用 $y=0.95\exp(-t/\tau_1)+0.05\exp(-t/\tau_2)$，
$\tau_1=26ns,\tau_2=200ns$ 来拟合高湿条件下的衰减

　　Ke 等人通过改变有机阳离子 $CH_3NH_3^+$ 的含量研究 $CH_3NH_3PbI_3$ 光学带隙的
变化，通过 CH_3NH_3I 与 PbI_2 不同的摩尔比制备 $CH_3NH_3PbI_3$ 薄膜，发现随着
$CH_3NH_3^+$ 的含量增加杂化钙钛矿薄膜变得致密，晶粒尺寸从 6.0μm 减小到 0.2μm，
光学带隙从直接带隙 1.52eV 变为间接带隙 2.64eV。实验结果显示存在间接带
隙的 $CH_3NH_3PbI_3$ 薄膜，CH_3NH_3I 含量在调整薄膜形貌和光学带隙中起到关键
作用，然而具体的物理机制并没有给出。Yan 等人混合 CH_3NH_3Br 和 $PbBr_2$ 溶
液，通过一步旋涂法合成 $CH_3NH_3PbBr_3$ 薄膜，研究了调制有机和无机组分摩尔

比对 $CH_3NH_3PbBr_3$ 形貌和光学性质的影响，当 CH_3NH_3Br 和 $PbBr_2$ 摩尔比 $k=1$ 时 $CH_3NH_3PbBr_3$ 晶粒的尺寸可以达到 2.5μm，通过改变 CH_3NH_3Br 组分调制从可见光到红外区域的光学带隙，光学带隙的变化范围为 2.47eV 到 1.36eV，光致发光强度随着两者的摩尔比变化而剧烈变化，并且随着 CH_3NH_3Br 和 $PbBr_2$ 摩尔比的减小在暗室中光致发光（PL）发射强度减小，而且发射颜色从亮绿变到暗绿。当 $k=2$ 时制备的 $CH_3NH_3PbBr_3$ 晶粒展现出十分强的光致发光强度，在暗室中发出明亮的绿色，XPS 分析表明在这些样品中有过量的 $CH_3NH_3^+$ 和 Br^-。C 的 1s 电子态随着 $CH_3NH_3PbBr_3$ 材料中有机和无机组分的摩尔比改变而改变，这意味着与 $CH_3NH_3^+$ 相关的缺陷将影响光学性质，有机与无机组分之间比例与晶体的光电性能紧密相连[9]。这也意味着可以通过改变有机与无机组分的比例来达到调节材料光电特性的目的。

2.1.2   无机钙钛矿材料

2.1.2.1   铅基无机钙钛矿材料

（1）$CsPbI_3$ PSCs

$CsPbI_3$ 是通过用 Cs 替代 $MAPbI_3$ 中的有机阳离子而形成的 I-PVSK。$CsPbI_3$ 在 PSCs 中很少报道为光吸收剂，因为它通常在室温下呈现黄色非钙钛矿相，而带隙为 1.73eV 的黑色立方 PVSK 相在室温条件下是不稳定的。Eperon 等首次在 PSCs 中应用黑色 α-$CsPbI_3$，因为他们发现在氮气氛围中黑色相可能稳定存在[10]。此外，他们还发现，通过在 $CsPbI_3$ 前体溶液中加入少量 HI，黄色相转变为黑色相的温度可降至 100℃，这使得器件能够在低温下处理。HI 的作用被解释为由于晶格应变的产生形成较小的晶粒，其倾向于在低温下引起相变。黑色 α-$CsPbI_3$ 应用于三种不同器件结构（平面、介孔和反式平面）的 PSCs，PCE 分别为 2.9%、1.3% 和 1.7%。平面电池比介孔电池效率更高，这意味着在 α-$CsPbI_3$ 中电子和空穴可能具有显著的扩散长度，在平面的传输可能优于在介孔 TiO_2 的传输。如上所述，降低 $CsPbI_3$ 的晶粒尺寸可诱导晶格应变以部分稳定 α-$CsPbI_3$ 相。

为了进一步稳定 α-$CsPbI_3$ 相，Swarnkar 等人利用纳米晶（NCs），并且在合成 $CsPbI_3$ NCs 之后，使用乙酸甲酯进行纯化，这使得 NCs 在环境中可以稳定数月[11]。对于器件制造，基于 FTO/c-TiO_2/$CsPbI_3$ NCs/Spiro-OMeTAD/MoO_x/Al 结构的 PSCs 的 PCE 可达 10.77%，V_{oc} 为 1.23 V。

不久之后，Wang 等人利用添加剂工程，以减小晶粒尺寸来稳定 α-$CsPbI_3$ 相[12]。在 $CsPbI_3$ 前体溶液中加入少量（质量分数 1.5%）磺基甜菜碱两性离子，由于两性离子与离子和胶体的静电相互作用，获得了晶粒平均尺寸为 30nm 的 $CsPbI_3$ 薄膜，这有助于扩大晶粒表面积以稳定 α-$CsPbI_3$ 相。进一步掺入 6%

的 Cl 离子，基于 ITO/PTAA/Cs Pb$(I_{0.98}Cl_{0.02})_3$/PCBM/C_{60}/B CP/Cathode 结构的 PSCs 其 PCE 可达 11.4%。

除了晶粒尺寸工程，掺杂工程也被用来稳定 α-CsPbI$_3$。通过将少量乙二胺（EDA）阳离子掺入 CsPbI$_3$ 中，Zhang 等人成功避免了 δ 相的形成[13]。α-CsPbI$_3$ 相可在室温下保持数月并在 100℃ 保持 150h 以上。基于 FTO/c-TiO$_2$/CsPbI-0.025EDAPbI$_4$ Spiro-OMeTAD/Ag 结构的 PSCs 其 PCE 可达 11.8%。除有机离子外，Hu 等人在 CsPbI$_3$ 中掺杂 Bi$^+$，这有助于在室温下进一步稳定 α 相[14]。Bi 掺杂不仅提高了 CsPbI$_3$ 的相稳定性，还将带隙从 1.73eV 调整到 1.56eV，拓宽了光吸收范围。基于 FTO/c-TiO$_2$/CsPb$_{0.96}$Bi$_{0.04}$/CuI/Au 结构的 I-PSCs 获得了 13.21% 的 PCE，并且显示出更高的稳定性。

（2）CsPbBr$_3$ PSCs

用 Br 取代 I 可以获得 CsPbBr$_3$，CsPbBr$_3$ 的带隙相比于 CsPbI$_3$（1.73eV）增大至 2.3eV，但斜方晶相 CsPbBr$_3$ 在室温下稳定存在。在 Kulbak 等人的报道中，CsPbBr$_3$ 层是通过两步法制备的，首先通过旋涂沉积 PbBr$_2$ 层，然后在 CsBr 甲醇溶液中进行化学转化[15]。基于 FTO/m-TiO$_2$/CsPbBr$_3$/HTM/Au 的器件结构，空穴传输材料（HTM）分别为 Spiro-OMeTAD、PTAA 和 CBP，分别实现了 4.77%～4.98%、5.72%～5.95%、4.09%～4.72% 的 PCE。此外，没有 HTM 的 PSCs 也表现出较高的 PCE（5.32%～5.47%），这意味着 CsPbBr$_3$ 具有高空穴传导率，这与 MAPbBr$_3$ 相似。除了类似的光伏响应，CsPbBr$_3$ 表现出明显高于 MAPbBr$_3$ 的光、热和电子束稳定性。

Akkerman 等人用丙酸、丁胺和环境友好的溶剂（异丙醇和己烷）大规模合成了 CsPbBr$_3$ NCs，并采用 FTO/c-TiO$_2$/Cs PbBr$_3$ NCs/S piro-OMeTAD/Au 结构将 NCs 薄膜应用于 PSCs[16]。通过调节旋涂次数优化膜厚度，PCE 达到 5.4%，V_{oc} 高达 1.5V。

尽管 CsPbBr$_3$ 与有机物相比表现出增强的稳定性，但有机 HTM 的存在仍然限制了器件的稳定性。由于 I-PVSK 具有与 OIH-PVSK 类似的光电特性，I-PVSK 也可以在不使用有机 HTM 的情况下充当光收集器和空穴传输器。金和碳都可以用作无 HTM PSCs 中的空穴提取电极。然而，与金电极相比，碳更便宜，可抑制离子迁移且耐水，因此碳电极 PSCs（C-PSCs）更有前景。Chang 等人首次在不使用有机 HTM 和贵金属电极的情况下，将碳电极作为空穴引出电极[17]。通过系统优化，CsPbBr$_3$ C-PSCs 的 PCE 可达 5.0%，V_{oc} 为 1.29V。不久之后，Liang 等人报道了一项类似的工作，其小面积的 PCE 增加到 6.7%，大面积（1.0cm^2）的 PCE 增加到 5.0%[18]，且 CsPbBr$_3$ C-PSCs 具有比 MAPbI$_3$ C-PSCs 更高的稳定性，尤其是热稳定性。

（3）$CsPbI_{3-x}Br_x$ PSCs

$CsPbBr_3$ 具有良好的相稳定性，但带隙较大，而 $CsPbI_3$ 带隙更小，但相稳定性较差，因此研究人员开始关注混合卤素钙钛矿 $CsPbI_{3-x}Br_x$。几乎在同一时间，Sutton 等人和 Beal 等人研究了 x 从 0～3 的 $CsPbI_{3-x}Br_x$ 材料，并且表明带隙随着 x 值的增加而增大[19,20]。重要的是，用 Br 部分取代 I 能得到室温下稳定的 PVSK 相。两项研究都比较了 $CsPbI_2Br$ 与 OIH-PVSK 的稳定性，表明 $CsPbI_2Br$ 在高温（85～180 ℃）下比 $MAPbX_3$ 更稳定。ITO/PEDOT：PSS/$CsPbI_2Br$/PCBM/BCP/AI 器件结构的 PSCs 实现了 6.8% 的 PCE，而 FTO/c-TiO_2/$CsPbI_2Br$/Spiro-OMeTAD/Ag 表现出更高的性能（PCE=9.8%）。

尤其是当 Br 离子在 DMF 或 DMSO 中的溶解度太低而不能沉积厚膜时，研究人员开始开发制备 $CsPbI_{3-x}Br_x$ 膜的其他方法。热蒸发是其中一种重要的方法，Ma 等人首先用于制备高质量的 $CsPbIBr_2$ 薄膜[21]。将相同物质的量的 CsI 和 $PbBr_2$ 蒸发到衬底上，然后退火处理，再在 $CsPbIBr_2$ 膜上直接沉积 Au 电极来制备不含 HTM 的 PSCs。通过优化衬底温度和后退火温度，PCE 达到 4.7%。为了精确控制 $CsPbI_{3-x}Br_x$ 薄膜中前驱体的化学计量比，Chen 等人报道的工作中充分考虑了 CsI 和 CsBr 的吸湿性[22]。该研究表明化学计量平衡的 PbI_2 和 CsBr 可形成高品质的 $CsPbI_2Br$ 薄膜。通过控制后退火时间来调控晶粒尺寸，60s 足以将晶粒尺寸增加到 3mm。基于 ITO/Ca/C_{60}/$CsPbI_2Br$/TAPC/TAPC：MoO_3/Ag 结构的 PSCs 其 PCE 可达 11.8%。与此前工作类似，真空沉积的 $CsPbI_2Br$ PSCs 显示出比 $MAPbI_3$ PSCs 更好的稳定性，2 个多月后 PCE 仍保持初始值的 96%。

作为一种工业技术，喷涂工艺比传统的旋涂方法更有优势，特别是用于大规模制备。Lau 等人利用喷涂工艺来沉积 $CsPbI_{3-x}Br_x$ 膜，其中 CsI 层被喷涂到预先沉积的 $PbBr_2$ 膜上[23]。该方法还可以避免在第二步转化过程中 $PbBr_2$ 和 $CsPbIBr_2$ 在 CsI 溶液中的溶解。对喷涂的基材温度和后退火温度进行了系统的优化，基于 FTO/m-TiO_2/$CsPbBr_2$/Spiro-OMeTAD/Au 结构的 PSCs 获得了 6.3% 的 PCE。除了沉积方法之外，掺杂策略也被用于改善 $CsPbI_{3-x}Br_x$ 的光电特性。通过用 K^+ 部分取代 Cs^+，Nam 等人在不损害光吸收范围的情况下成功地改善了 $Cs_{1-x}K_xPbI_2Br$ 的电子寿命[24]。基于 FTO/c-TiO_2/$Cs_{1-x}K_xPbI_2Br$/Spiro-OMeTAD/Au 结构的器件 PCE 显著提高至 10% 左右。此外，在环境中器件的稳定性也得到改善。Lau 等人在 $CsPbI_2Br$ 中掺入少量的 Sr^{3+} 形成 $CsPb_{1-x}Sr_xI_2Br$[25]。结果表明，钙钛矿薄膜的表面富含 Sr，有助于钝化缺陷，电荷复合受到抑制并且电子寿命增加。FTO/mp-TiO_2/$CsPb_{1-x}Sr_xI_2Br$/P3HT/Au 器件的 PCE 从 7.7% 提高到 11.2%。最近，Liang 等人用 Sn^{2+} 部分取代了 $CsPbIBr_2$ 中的 Pb^{2+}，不仅减小了带隙，还提高了稳定性[26]。

2.1.2.2　无铅无机钙钛矿材料

（1）$CsSnI_3$ PSCs

在 $CsPbI_3$ 中用 Sn 替代 Pb 形成 $CsSnI_3$，在室温下有两种晶型：B-γ-$CsSnI_3$（黑色斜方晶相）和 Y-$CsSnI_3$（具有一维双链结构的晶相）。B-γ-$CsSnI_3$ 的带隙更优（≈1.3eV）、光吸收系数高（≈$104cm^{-1}$）、激子结合能低（≈18meV），这使得 $CsSnI_3$ 有望应用于 PSCs[27-30]。$CsSnI_3$ 首次被 Chung 等人用于染料敏化太阳能电池中的固体电解质[31,32]。尽管 $CsSnI_3$ 被认为主要是用于空穴传输的固体电解质，但在长波长范围内明显增强的光谱响应意味着 $CsSnI_3$ 可吸收并转换可见光以增强光电流。几乎与此同时，Chen 等人使用 $CsSnI_3$ 可作为光吸收剂的肖特基光伏器件（ITO/$CsSnI_3$/Au/Ti）获得了 0.88% 的 PCE[33]。其中 $CsSnI_3$ 层是通过真空蒸镀法沉积 CsI 和 $SnCl_2$ 的交替层，然后再 175℃ 退火得到的。

合适的带隙和良好的光伏响应吸引了许多研究者。Kumar 等人首次使用 CsSnIs 作为光吸收剂制备 PSCs（器件结构：FTO/m-TiO_2/$CsSnI_3$/HTM/Au）[34]。$CsSnI_3$ 层采用一步溶液法在低温下（70℃）沉积，并发现溶剂对 $CsSnI_3$ 层的形貌影响很大。与 N,N-二甲基甲酰胺（DMF）和 2-甲氧基乙醇相比，二甲基亚砜（DMSO）促进了钙钛矿对介孔 TiO_2 的完全覆盖和良好的孔隙填充。与 Spiro-OMeTAD 相比，m-MTDATA 作为 HTM 由于较高的氧化电位而表现出优异的整体性能。高 V_{Sn} 浓度是产生高本底载流子浓度和高电荷复合的主要问题，SnF_2 已被用于解决这个问题，它有助于降低 V_{Sn} 浓度而不进入 $CsSnI_3$ 晶格。添加 20% 的 SnF_2 显著提高了光伏性能，获得了 2.02% 的 PCE。机理研究表明，器件中没有明显的能垒，缺陷协同的复合机制应该是光伏性能低下的主要原因。

由于薄膜质量和 V_{Sn} 浓度极大地限制了 $CsSnI_3$ PSCs 的性能，Wang 等人开发了一种简单的溶液法来解决这些问题[35]。$CsSnI_3$ 前体溶液的溶剂是由甲氧基丙腈、DMF 和乙腈组成的混合物。通过改变后处理温度来控制薄膜质量和 V_{Sn}。介孔结构（TiO_2 或 Al_2O_3）的 PSCs 表现出相当低的 PCE（TiO_2 约为 0%，Al_2O_3 约为 0.32%），这可能是由不好的结晶环境、不良的孔隙填充和低结晶度的杂质导致的。使用 ITO/c-TiO_2/$CsSnI_3$/Spiro-OMeTAD/Au 的平面结构，器件性能得到很大改善，PCE 达到 0.77%。因为掺杂的 Spiro-OMeTAD 需要经过氧化步骤，而氧化会使 γ-$CsSnI_3$ 降解，所以该器件中使用的 Spiro-OMeTAD 是未掺杂的，这将限制空穴传导率。为了解决这个问题，又制备了使用 NiO_x 为 HTM 的反式平面 PSCs，这显著提高了电池的性能。退火温度对器件性能影响的研究表明，最佳退火温度为 150℃。尽管较高的温度可以增大晶粒以减少电荷复合，但 V_{Sn} 的增加会降低载流子寿命，且薄膜粗糙度的增加会恶化界面接触。

由于 $CsSnI_3$ 对氧化的敏感性、低的缺陷形成能和大量的针孔，$CsSnI_3$ PSCs 通常性能低、稳定性差。为了解决这个问题，Marshall 等人在 $CsSnI_3$ 前体溶液中加入卤化锡并进行了系统研究[36]。首先，他们研究了 $CsSnI_3$ 溶液中加入过量 SnI_2 对 $CsSnI_3$ 薄膜形貌和器件性能的影响。与纯 $CsSnI_3$ 溶液相比，过量 SnI_2（摩尔分数为 10%）的加入提高了 $CsSnI_3$ PSCs 的性能。当 PVSK 在富 Sn 的环境中合成时，V_{Sn} 缺陷的密度（本底载流子密度的主要来源）会被抑制。此外，界面处的真空能级正移也可能促进 V_{oc} 的增加。基于 $ITO/CuI/CsSnI_3/IC_{60}BA/BCP/Al$ 结构的器件 PCE 达到 2.76%，V_{oc} 为 0.55V。$SnSr_2$、$SnCl_2$ 和 SnF_2 加入 $CsSnI_3$ 中的作用也得到了很好的评估。这表明 $SnCl_2$ 对 $CsSnI_3$ 膜和 PSCs 具有最显著的影响。由于加入 $SnCl_2$ 制备的 $CsSnI_3$ 薄膜形貌不如 SnI_2、$SnBr_2$ 和 SnF_2，因此加入 $SnCl_2$ 后性能明显增强并不能解释为形貌的改善。更详细的研究表明，主要原因是在 $CsSnI_3$ 膜表面形成了薄薄的 $SnCl_2$ 层。暴露在空气中时，表面 $SnCl_2$ 层会牺牲自身以形成稳定的水合物以及 SnO_2，从而阻止了 $CsSnI_3$ 晶体的氧化。$CsSnI_3$ 的 PCE 提高到 3.56%，$SnCl_2$ 表面层对器件稳定性的作用得到了充分证明。

（2）$CsSnBr_3$ PSCs

与 $CsPbX_3$（X=I、Br 和 Cl）PVSK 类似，$CsSnX_3$ 的带隙也取决于 X 元素。通过用 Br 代替 I，$CsPbX_3$ PVSK 的带隙可以从 1.23eV 扩大到 1.75eV，这有希望增加 PSCs 的 V_{oc}[37,38]。Gupta 等人通过一步溶液法制备了 $CsSnBr_3$，基于 "n-i-p 结构" 的器件，选择了不同的电子传输材料（ETM）和空穴传输材料（HTM）进行光伏研究[39]。发现最适合的 ETM 和 HTM 分别是 m-TiO$_2$ 和 Spiro-OMeTAD。全面研究了添加 SnF_2 对薄膜性能和器件性能的影响，结果表明可以显著提高光伏性能，PCE 从 0.01% 增加到 2% 以上。除了众所周知的由于 V_{Sn} 减少而引起的本底载流子密度的降低以外，发现添加 SnF_2 会降低功函数并使得 CB 和 VB 分别更接近 Spiro-OMeTAD 的 VB 和 TiO$_2$ 的 CB，从而促进界面处的电荷转移。此外，SnF_2 的加入很好地防止了 X 射线照射下的 Sn 氧化并提高了其在惰性气氛中的稳定性。对于 $CsSnX_3$ PVSK，Sn^{2+} 倾向于被氧化成 Sn^{4+}，这将由 p 型缺陷形成泄漏通路，恶化器件再现性并限制 PCE。为了解决这个问题，Song 等人设计了一种有效的工艺，在旋涂 $CsSnX_3$ 的过程中引入还原气氛（N_2H_4）[40]。在膜沉积期间可能的反应过程为 $2SnI_6^{2-}+N_2H_4 \longrightarrow 2SnI_4^{2-}+N_2+4HI$，导致 Sn^{4+}/Sn^{2+} 比率降低 20% 以上，因此载流子复合得到很好的抑制。结果显示，$CsSnI_3$ PSCs 的 PCE 从 0.16% 显著提高至 1.50%；$CsSnBr_3$ PSCs 的 PCE 从 2.36% 提高至 2.82%，最高 PCE 达到 3.04%。

（3）$CsSnI_{3-x}Br_x$ PSCs

已经证明 $CsSnI_3$ 作为无铅卤化物 PVSK 光吸收剂，具有高光生电流密度。但是，PCE 被低的 V_{oc} 所限制。为了解决这个问题，Sabba 等人通过掺杂 Br 以形成 $CsSnI_{3-x}Br_x$（$0 \leqslant x \leqslant 3$）来调节 V_{oc}[41]。随着 Br 掺杂浓度的增加，$CsSnI_2Br$、

$CsSnIBr_2$ 和 $CsSnBr_3$ 光学带隙从 $CsSnI_3$ 的 1.27eV 分别跃迁到 1.37eV、1.65eV 和 1.75eV，这与用 Br 掺杂 $MAPbI_3$ 的情况类似。在 Br 掺入后检测到 V_{oc} 明显增加，这归因于 V_{Sn} 的降低。通过进一步添加 SnF_2（摩尔分数为 20%），V_{Sn} 能被很好地抑制，导致载流子密度降低、电荷复合减少。结果，器件性能显著提高，尤其是电流密度，其中产生的 PCE 最高为 1.76%。

为了获得稳定的 PVSK 相并减少由 V_{Sn} 诱导的大量复合，Li 等人将次磷酸（HPA）引入 CsSnIBr 前体溶液中[42]。HPA 添加剂不仅作为配合物促进了成核过程，而且显著降低了 $CsSnIBr_2$ 膜中的载流子迁移率和电荷载流子密度。HPA 诱导的 $CsSnIBr_2$ 膜显著改善了 C-PSCs 的 V_{oc} 和 FF，将 PCE 提高到 3.2%。此外，HPA 和碳电极的共同作用使 CsSnIBr C-PSCs 具有相当高的稳定性，77 天后几乎没有 PCE 衰减，并且在 473K 下连续输出功率 9h 后保持初始 PCE 的 98%。

（4）$CsGeI_3$ PSCs

$CsGeX_3$ 也被认为是 PSCs 中潜在的光吸收剂。理论计算表明，卤化锗 PVSK 具有较高的吸收系数、与 Pb 基类似的吸收光谱和载流子传输性质。$CsGeX_3$ 的带隙依赖于 X，$CsGeCl_3$、$CsGeBr_3$ 和 $CsGeI_3$ 的带隙计算分别为 3.67eV、2.32eV 和 1.53eV[43,44]。其中，1.53eV 的带隙使 $CsGeI_3$ 成为很有前景的光吸收剂。然而，由于 Ge^{2+} 易氧化成 Ge^{4+}，基于 CsGeIs 的 PSCs 很少被报道。T. Krishnamoorthy 等人首次报道了基于 CsGeIs 的 PSCs，其中常规器件结构分别用 $m-TiO_2$ 和 Spiro OMeTAD 作为 ETM 和 HTM。通过使用 DMF 作为前体溶液的溶剂来制备平整的 $CsGeI_3$ 膜。$CsGeI_3$ PSCs 的 J_{sc} 为 $5.7mA/cm^2$，比 Sn 基的 PVSK 更高。然而，该器件的 V_{oc} 非常低，这可能是由于在制备过程中 Ge^{2+} 氧化为 Ge^{4+}。此外，$CsGeI_3$ 的氧化还明显限制了器件的稳定性。

2.1.2.3 钙钛矿衍生物

（1）锡基 PSCs

基于 Sn^{2+} 的 PVSK 通常在环境气氛中 Sn^{2+} 易氧化为 Sn^{4+}。而 Sn^{4+} 的形成阻碍了 PVSK 的电荷中性并导致 PVSK 的降解。为了避免被氧化，这类 PVSK 只能在惰性气氛下制造，并需要严格的封装。Sn 基分子碘盐化合物（A_2SnI_6）中 Sn 离子处于 +4 价氧化态，因而在空气和水分中稳定存在[45]。由于近乎最佳的带隙（1.3eV）和高的吸收系数（在 1.7eV 时超过 10^5cm^{-1}），Cs_2SnI_6 作为一种分子型碘盐化合物，已被广泛用于光伏应用[46]。Lee 等人首次将这种材料用于 DSSC 中作为空穴传输的固态电解质[47]。结合卟啉染料的高效混合物，已达到约 8% 的 PCE。

Qiu 等人发现不稳定的 B-y-$CsSnI_3$ 会自发氧化转化为空气稳定的 Cs_2SnI_6[48]。他们提出利用 B-y-$CsSnI_3$ 作为前体获得 Cs_2SnI_6 的想法。结果，他们开发了一种热蒸发方法来生长高质量的 B-y-$CsSnI_3$，通过热蒸发依次沉积 CsI 和 SnI_2 层，

然后在 N_2 气氛中退火，所得到的 B-y-CsSnI$_3$ 会在空气中自动转化为 Cs_2SnI_6。基于 FTO/c-TiO$_2$/Cs$_2$SnI/P3HT/Ag 的器件结构，系统优化 Cs_2SnI_6 薄膜厚度，获得 0.96% 的 PCE，V_{oc} 为 0.51V，J_{sc} 为 5.41mA/cm^2。此外，Cs_2SnI_6 PSCs 在环境中放置一周相当稳定。不久之后，他们应用了文献中报道的一步溶液法沉积 Cs_2SnI_6。其中，首先通过溶液法合成 Cs_2SnI_6 粉末，随后将 Cs_2SnI_6 溶解在 DMF 中形成前体溶液[49]。采用 ZnO 纳米棒（NRs）作为 ETM，基于 FTO/ZnO NRs/Cs$_2$SnI$_6$/P3HT/Ag 结构的 PSCs，在优化 ZnO 层和 NRs 形态之后，获得了 0.86% 的 PCE，V_{oc} 为 0.52V，J_{sc} 为 3.20mA/cm^2。

Lee 等人用 Br 取代 Cs_2SnI_6 中的 I，将 $Cs_2SnI_{6-x}Br_x$ 的带隙从 1.3eV 增加到 2.9eV（随着 x 值的增加）[50]。这是通过两步溶液法，先沉积 CsI 或 CsBr 薄膜，然后与 SnI$_4$ 或 SnBr$_4$ 溶液发生化学反应来实现的。随着 Br 组分的增加，带隙增大，$Cs_2Sn_{6-x}Br_x$ 薄膜的颜色从深棕色变为浅黄色。基于 FTO/bl-TiO$_2$/Sn-TiO$_2$/Cs$_2$SnI$_{6-x}$Br$_x$/Cs$_2$SnI$_6$(HTM)/LPAH/FTO 结构的 PSCs，光伏测量的结果表明 Br 含量的增加导致 J_{sc} 减少，V_{oc} 增加。在 $x=2$(Cs$_2$SnI$_4$Br$_2$) 时，PSCs 实现了最佳的器件性能，PCE 2.02%，V_{oc} 为 0.563V，J_{sc} 为 6.225mA/cm^2，FF 为 0.58。器件的稳定性测试表明，$Cs_2SnI_4Br_2$ PSCs 比 Cs_2SnI_6 PSCs 更稳定，在空气中储存 50 天后 PCE 几乎不变。

（2）铋基 PSCs

Bi 是 Pb 和 Sn 的有趣替代品。然而，由于价态不同，三价 Bi 不可能直接取代 PVSK 结构中的 Pb^{2+} 或 Sn^{2+}。因此，Bi 基 PVSK 与传统 PVSK 具有不同的结构，并且结构多样，从零维二聚体单元到一维链状基序，再到二维层状网络和三维双 PVSK[51]。$Cs_3Bi_2I_9$ 属于零维二聚体类，由 Cs$^+$ 包围的双八面体 Bi$_2$I$_9$ 簇组成。Park 等人在 PSCs 中利用了 $Cs_3Bi_2I_9$ 作为光吸收剂，它与 MA$_3$Bi$_2$I$_9$ 具有相似的能带结构，带隙为 2.2eV[52]。无机性和稳定的 Bi$^+$ 有利于 $Cs_3Bi_2I_9$ 材料在环境气氛中沉积，一步法沉积的 $Cs_3Bi_2I_9$ 薄膜呈现六方薄片结构，并沿 c 轴方向生长。基于 FTO/m-TiO$_2$/Cs$_3$Bi$_2$I$_9$/Spiro-OMeTAD/Ag 器件结构的 PSCs 获得 1.09% 的 PCE，V_{oc} 为 0.85V，J_{sc} 为 2.15mA/cm^2。这种类型的 PSCs，具有高稳定性，不管扫描速率如何，几乎都没有迟滞现象。然而，经过一个月的储存后，观察到一个巨大的 J-V 迟滞现象，暗示着 $Cs_3Bi_2I_9$ 与 HTM 中的添加剂之间可能存在相互作用。继这项工作之后，Johansson 等人合成了 $CsBi_3I_{10}$，并将其用作 PSCs 中的光吸收剂[53]。不同的是，$CsBi_3I_{10}$ 显示出层状结构。吸收范围扩展到约 700nm，在 350～500nm 之间具有 $1.4×10^5$cm^{-1} 的高吸收系数。基于 FTO/m-TiO$_2$/CsBi$_3$I$_{10}$/P3HT/Ag 结构的 PSCs 获得 0.4% 的 PCE，V_{oc} 为 0.31V，J_{sc} 为 3.4mA/cm^2，IPCE 光谱可覆盖到 700nm。然而，与时间相关的吸收光谱表明 $CsBi_3I_{10}$ 薄膜的稳定性低于 MAPbI$_3$，这是 $CsBi_3I_{10}$ 的缺点。

与低维材料相比，三维材料由于其半导体性质而更适合于 PV 应用。因此，一些研究集中在增加 Bi 基 PVSK 的维度上。将 Ag^+ 和 Cu^+ 引入基于碘化铋的碘铋材料中可以获得三维结构[54,55]。银 - 铋 - 碘三元体系可以结晶成 $AgBi_2I_7$。Kim 等人报道了一种溶液法来沉积空气中稳定的 $AgBi_2I_7$，其中使用正丁胺作为溶剂来溶解 BiI_3 和 AgI[56]。该方法制备的 $AgBi_2I_7$ 被确定为立方结构，E_g 为 1.87eV。基于 FTO/m-TiO_2/$AgBi_2I_7$/P3HT/Au 结构，最优器件获得了 3.30mA/cm^2 的 J_{sc}、0.56V 的 V_{oc}、0.67 的 FF 和 1.22% 的 PCE。稳定性测量显示，最优器件在环境条件下交替存储和测试 10 天以上，PCE 仍保持在 1.13% 以上，表明 $AgBi_2I_7$ 具有高的空气稳定性。

（3）锑基 PSCs

与 Bi 基 PVSK 类似，Sb 基 I-PVSK 中 $A_3Sb_2X_9$（A：Rb^+ 和 Cs^+；X：Cl、Br 和 I）晶体有零维二聚体结构或二维层状结构。计算表明，层状结构比二聚体结构更好，这主要是因为其直接带隙性质、更高的电子和空穴迁移率、更高的介电常数和更好的缺陷耐受性。$Cs_3Sb_2I_9$ 采用不同的制备方法可以生成这两种结构。电子能带结构计算表明二聚体和层状结构分别表现为间接带隙（2.4eV）和直接带隙（2.06eV）。由于溶液法通常会生成二聚体结构，Saparov 等人开发了两步热蒸发的方法来生长带隙为 2.05eV 的层状 $Cs_3Sb_2I_9$[57]。基于 FTO/c-TiO_2/$Cs_3Sb_2I_9$/PTAA/Au 结构的器件表现出很低的性能，V_{oc} 为 0.3V，J_{sc} 为 0.1mA/cm^2，这归因于层状 $Cs_3Sb_2I_9$ 中存在大量的深层缺陷。由于 A 位 Rb^+ 尺寸更小（Cs^+ 和 Rb^+ 分别为 188pm 和 172pm），在低温溶液法合成中用 Rb^+ 取代 Cs^+ 促进了层状 $Rb_3Sb_2I_9$ 的生成。用 Rb 取代 Cs 使 $Rb_3Sb_2I_9$ 的带隙变窄，直接带隙约为 1.98eV，吸收系数为 $1×10^5cm^{-1}$。Harikesh 等人开发了一步溶液法来制备层状 $Rb_3Sb_2I_9$ 薄膜并将其应用于 FTO/m-TiO_2/$Rb_3Sb_2I_9$/poly-TPD/Au 结构的 PSCs 中[58]。这样的 PSCs 实现了 0.66% 的 PCE，V_{oc} 为 0.55V，J_{sc} 为 2.12mA/cm^2，明显高于 $Cs_2Sb_2I_9$ 的值。

（4）双钙钛矿型 PSCs

通过将三价阳离子和一价阳离子引入卤化物 PVSK 的 B 位，形成 $A_2B^{1+}B^{3+}X_6$ 形式的卤化物双 PVSK。当 A 位置被无机阳离子占据时，可以获得无机双 PVSK。这类 I-PVSK 由两种类型的八面体在岩盐面心立方结构中交替组成[59]。迄今为止，理论上已经预测出许多具有合适带隙的用于光伏应用的无机双 PVSK。其中一些化合物表现出间接带隙，而另一些则是直接带隙。间接双 PVSK 包括 $Cs_2AgBiCl_6$（2.2 ～ 2.8eV）、$Cs_2AgBiBr_6$（1.8 ～ 2.2eV）、Cs_2AgBiI_6（1.6eV）、Cs_2CuBiX_6（X=Cl、Br、I；E_g=2.0 ～ 1.3eV）、Cs_2CuSbX_6（X=Cl、Br、I；E_g=2.1 ～ 0.9eV）、Cs_2AgBiX_6（X=Cl、Br、I；E_g=2.6 ～ 1.1eV）、Cs_2AuSbX_6（X=Cl、Br、I；E_g=1.3 ～ 0.0eV）等。直接双 PVSK 包括 $Cs_2InSbCl_6$（1.02eV）、Cs_2In-

$BiCl_6$（0.91eV）、$Rb_2CuInCl_6$（1.36eV）、$Rb_2AgInBr_6$（1.46eV）、$Cs_2AgInBr_6$（1.50eV）等。

Slavney 等人通过溶液法合成了 $Cs_2AgBiBr_6$ 单晶，表现出 1.95eV 的间接带隙和 660ns 的室温 PL 寿命[60]。这种 $Cs_2AgBiBr_6$ 具有高的缺陷耐受性和稳定性。Volonakis 等人开发了固态反应法来生长 $Cs_2AgBiCl_6$ 粉末，表征出其间接带隙为 2.2eV[61]。McClure 等人通过固态和溶液结合的方法合成了 $Cs_2AgBiBr_6$ 和 $Cs_2AgBiCl_6$[62]。同时，M.R.Filip 等人使用溶液法合成了 $Cs_2BiAgCl_6$ 和 $Cs_2BiAgBr_6$ 单晶[63]。最近，Du 等人报道了 In 或 Sb 掺杂的 $Cs_2BiAgBr_6$，这有助于调节带隙和光吸收范围[64]。

尽管理论上已经预测了许多化合物，但仅仅合成和表征了几种化合物，并且几乎没有合适的方法来沉积薄膜并用于光伏应用。直到最近，Greul 等人改进了旋涂方法，将预热的前体溶液滴在预热和旋转的基底上，在 TiO_2 介孔薄膜上沉积 $Cs_2AgBiBr_6$ 薄膜[65]。尽管 $Cs_2AgBiBr_6$ 薄膜的表面粗糙且有许多聚集体，但基底被完全覆盖，这有利于 PSCs 的制造。在将 Spiro-OMeTAD 作为 HTM 沉积后，实现了 2.24% 的最佳 PCE 和 1.06V 的 V_{oc}，这也是首次报道的使用无机双 PVSK 的 PCE。

2.2　空穴传输层的材料选择与调控

空穴传输材料是指能够接受带正电的空穴载流子并传输空穴载流子的材料，通常采用 p 型半导体作为空穴传输材料。如前所述，空穴传输材料在钙钛矿太阳能电池中也起到极为重要的作用：钙钛矿层与金属电极之间作为势垒阻挡电子注入金属电极[66]；提高空穴转移的速率[67,68]；控制钙钛矿层费米能级的劈裂，进而影响开路电压[69]；避免金属电极与钙钛矿层之间钙钛矿材料的分解[70]。实现空穴传输材料在钙钛矿材料表面的完全覆盖，不仅可以有效地减小激发载流子在金属电极的复合，还可以隔绝钙钛矿层与外界环境的接触，从而提高电池的效率和稳定性。空穴传输材料在钙钛矿太阳能电池中传输空穴并阻碍电子，在实际应用中，必须保证空穴在钙钛矿层与空穴传输层之间的界面有效抽取。因此，对于空穴传输材料的选择，通常要从以下几个因素考虑：①较高的空穴迁移率，减小空穴在传输过程造成的损失[71]；②与钙钛矿材料的价带相匹配的电离能，即空穴传输材料的价带边或最高占据分子轨道要在钙钛矿材料价带能级以上，有利于空穴的传输，从而减小注入能的损失；③良好的热稳定性和优良的抗氧气或湿度分解性，保证电池长期稳定工作；④成本低廉；⑤较高的电子亲和能赋予空穴传输层阻挡电子的能力[72]。基于这些因素，合适的空穴传输层可以改善界面的接触，促进电荷在界面的分离。

迄今为止，在钙钛矿太阳能电池中常用的空穴传输材料，可以分为三类：无机化合物、有机小分子和有机聚合物[73]。无机化合物包括 NiO、CuSCN、CuI、Cu$_x$O 和氧化石墨烯；有机小分子包括 Spiro-OMeTAD [2,2′,7,7′- 四（N,N- 二 - 对甲氧基苯基胺）9,9′- 螺二芴]、Fuse-F 等；有机聚合物包括 P3HT（3- 己基取代聚噻吩）、PEDOT：PSS [聚（3,4- 乙烯二氧噻吩）- 聚苯乙烯磺酸]、PTAA [聚（三芳基胺）] 等。图 2-5 为常见的空穴传输材料的能带示意图[74]。自从采用有机固态材料 Spiro-OMeTAD 替代液态电解质作为电池的空穴传输层后，对于空穴传输层的研究，从未中断，这种新型的固态材料在新空穴材料的开发过程中常作为对比材料，以便寻找更合适的替代材料。最初研究发现，未经掺杂的 Spiro-OMeTAD，电导率和空穴迁移率均很低，数量级分别为 10^5S/cm[75] 和 10^{-4}cm^2/(V·s)[76]。在太阳能电池的早期应用中，效率并不明显。随后，研究者在这种材料中掺杂了二（三氟甲基磺酰）亚胺锂（Li-TFSI）、4- 叔丁基吡啶（TBP）和三 [2-（1H 吡唑 -1- 基）吡啶] 合钴（FK102），电池的光伏效率得到了提升。Li-TFSI 的引入提高了空穴载流子的浓度，从而提高了空穴传输层的电导率和空穴迁移率。TBP 的引入可以减小电荷的复合[77]。

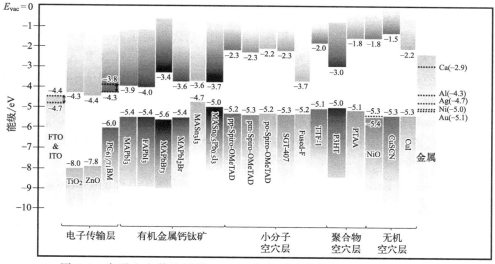

图 2-5　各种空穴传输层的 HOMO 与钙钛矿价带能级结构示意图[74]

钙钛矿太阳能电池的空穴传输材料主要有两类：有机空穴传输材料和无机空穴传输材料。有机空穴传输材料可分为聚合物和有机小分子两类。聚合物类主要含有噻吩和苯胺两类，如聚（3,4- 乙烯二氧噻吩）：聚苯乙烯磺酸（PEDOT：

PSS）[78,79]，PEDOT 通过掺杂 PSS 来提高其在质子溶剂中的溶解度，低温条件下制备的 PEDOT：PSS 具有良好的导电性和成膜特性，但缺点是该材料的水溶液呈酸性，应用于倒置结构的钙钛矿器件会腐蚀电极材料 ITO 导电基底，同时制备的薄膜具有高的亲水性，导致器件的稳定性大大降低，制约其大规模的应用。有机小分子类空穴材料除了具有聚合物类可溶液加工、结构多样化的优点之外，同时结构确定，有效地避免了批次之间的差异性，表现出良好的重复性。因此，此类材料的研究更为广泛，主要通过设计合成不同的分子结构，达到合适的能级匹配，分子结构一般含有氮原子的三芳胺结构，同时具有诱导效应和 p-π 共轭效应，且共轭效应大于诱导效应，易失去电子留下带正电的空位，利于电荷传输。其中小分子 spiro-OMeTAD 是钙钛矿太阳能电池中最广泛使用的空穴传输材料。近日，韩国化学技术研究所的 So 等人制备了一种新型芴端有机小分子空穴传输材料 $N,N'',N''',N'''-$ 四（9,9- 二甲基 -9H- 芴 -2- 基）-$N^2,N^{2'},N^7,N^{7'}-$ 四（4- 甲氧基苯基）-9,9'- 螺二芴 -2,2',7,7''- 四胺（DM），具有良好的能级匹配（HOMO=-5.27eV）和玻璃化转变温度（$T_g \approx 165℃$），将器件效率进一步提高至 23.2%[80]。

无机空穴传输材料导电性好，容易发生电子和空穴复合，常用的无机空穴传输材料主要有 CuI、CuSCN、NiO_x 或者 Cu 掺杂的 NiO_x 等[81-86]。2013 年，P.V.Kamat 等人率先将无机半导体材料 CuI 引入钙钛矿太阳能电池中，作为空穴传输材料，最终获得了 6% 的光电转换效率，此后，越来越多的科研工作者开始探究无机空穴传输材料。2017 年底，Science 杂志报道了 M.I. Dar 和 Michael Grätzel 等人以廉价的 CuSCN 为空穴传输材料，同时在 CuSCN 和 Au 层中间加入导电性的还原氧化石墨烯作为中间层，有效地避免了 CuSCN/Au 直接接触导致界面劣化，实现器件在 60℃连续工作 1000h 以上，效率仍然保持 95%，创造了钙钛矿太阳能电池稳定性的最新记录，降低成本的同时稳定实现 20% 以上的光电转换效率，此项研究成果的突破为钙钛矿太阳能电池从实验室走向商业化奠定了坚实的基础[87]。

Jong Hoon Park 等人报道了一种用 NiO_x 作为钙钛矿器件的空穴传输层，可将器件的光电转换效率提高到 17.3%。而 Cu 掺杂的 NiO_x 可将钙钛矿太阳能电池的转换效率提高到 20.5%，Cu 掺杂的 NiO_x 作为空穴传输层，确实提高了 NiO_x 本身的电导率，但掺杂量太多易产生较多的 Ni^{3+}，导致自身载流子的迁移率下降。硫氰化亚铜（CuSCN）作为一种典型的 p 型宽禁带半透明半导体材料，具有透光性好、高导电、常温下可溶液加工等优点，Gratzel 课题组通过快速去除溶剂的方法，同时通过用约 10nm 厚的还原氧化石墨烯（RGO）修饰 CuSCN 界面层，制备的钙钛矿太阳能电池器件的最高器件效率已超过 20%，尽管如此，CuSCN 作为空穴传输材料应用在大面积钙钛矿器件上仍然有很多关键性技术难题亟待解决。目前大多数关于金属空穴传输材料的研究还只停留在初级阶段，关于带隙性以及空穴迁移率的局限性等材料本身固有的性质缺乏深入理解，仍然需要更多的科研工作者更加细致深入的研究，从而进一步推动无机金属氧化物太阳能电池器件的工业化进程[88]。

2.3　电子传输层的材料选择与调控

电子传输层（electron transport layer，ETL）作为钙钛矿太阳能器件中的重要组成部分，其主要作用是：与钙钛矿吸收层形成电子选择性接触，降低电极跟钙钛矿层直接接触的能级势垒，促使电子有效提取的同时阻挡空穴，减少界面电子和空穴的复合。

电子传输材料是指能够接受带负电的电子载流子并传输电子载流子的材料，通常采用 n 型半导体作为电子传输材料，根据材料的不同，传输机理主要有两类：一是在无机半导体的传输；二是在有机半导体的传输。对于无机半导体来说，电子的传输取决于界面的内建电场和晶格热振动。杂质和缺陷对电学性质有显著的影响，例如，TiO_2 中引入氧空位，能够有效减少电子的散射。对于有机半导体来说，有机分子之间的范德华力很小，碳单键与碳双键极易形成共轭体系，产生高能级的反键分子轨道和低能级的成键分子轨道。从钙钛矿层中注入的电子以跳跃的方式在有机半导体中传输，直到到达导电玻璃。因此，有机半导体的迁移率一般比无机半导体低。电子传输层作为钙钛矿太阳能电池的重要组成部分，对电子传输材料的选择，通常要考虑以下几种因素。首先，电子传输材料具有与钙钛矿材料相匹配的电子亲和能，即电子传输材料具有合适的最低未占分子轨道（LUMO）或导带能级，促进电荷在界面的抽取；其次，具有较小的电离能，有效地阻碍光生空穴与导电玻璃中转移电子的复合，提高电荷在阳极的收集效率；最后，具有较高的电子迁移率、平整的表面和合适的薄膜厚度，提高电子的迁移，减少电子在传输过程中的损失。

目前，在钙钛矿太阳能电池中，常用的电子传输材料有 TiO_2、ZnO、SnO_2 等氧化物，与之对应的能级位置如图 2-6 所示。TiO_2 在电池中是最早使用的，也是使用最多的，通常以溶胶凝胶法或化学沉积法制备，但由于制备条件必须在高温下进行，因此限制了其实际应用。此外，在紫外光的作用下，TiO_2 表面的氧空位造成了电池的不稳定。ZnO 的能带位置与 TiO_2 非常接近，且具有高的电子迁移率，可作为 TiO_2 的替代材料，但是研究发现，ZnO 作为电子传输材料对常用的钙钛矿材料 $CH_3NH_3PbI_3$ 具有分解作用。SnO_2 具有大的光学带隙和高的载流子迁移率，可作为电子传输层的替代物，研究发现 SnO_2 与 $CH_3NH_3PbI_3$ 的能级位置不匹配，导致开路电压减小，但是，采用 $HN{=\!=\!}CHNH_3PbI_3$ 替代 CH_3N-

H₃PbI₃ 作为钙钛矿层，提高了钙钛矿材料与电子传输材料之间的能带匹配关系，最后优化的光电转化效率超过 20%。此外，富勒烯的衍生物（PCBM）具有较好的溶解性和很高的电子迁移率，并可在低温下制备获得，这种特殊的性质使得 PCBM 可直接作为反式钙钛矿结构中的电子传输材料和用于钙钛矿太阳能电池中与电荷载流子相关的机理研究。

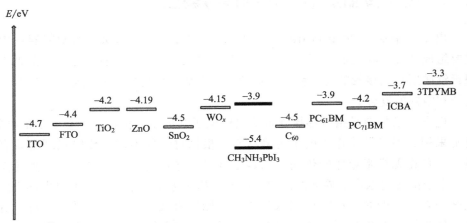

图 2-6　常见电子传输材料的 LUMO（导带）能级示意图

近几年来，随着钙钛矿太阳能效率的进一步提升，相比于 TiO₂ 与 ZnO，SnO₂ 作为一种新兴热门的可在低温条件下制备的电子传输层，在保证器件具有良好稳定性的条件下，兼具高的载流子迁移率和合适的能带结构，目前基于溶液法制备的 SnO₂ 电子传输层的效率最高已经超过 20%。

在倒置结构中常用富勒烯及其衍生物或者二者同时作为有机电子传输材料，如富勒烯（C₆₀）、2,9- 二甲基 -4,7 二苯基 -1,10- 菲咯啉（BCP）、[6,6]- 苯基 -C61(71)- 丁酸甲酯（PCBM）等，他们在有机溶剂中有着良好的溶解性和很好的能级匹配，其中低温环境下制备的 PCBM 作为最常用的电子传输材料，与钙钛矿层直接接触，表面起到一定钝化作用的同时，器件获得了较好的光电转换效率。

除此之外，为了提高电池的光伏性能，研究者采用化学掺杂、材料混合、增加缓冲层以及表面修饰等方法探索对电子传输层的影响，进而获得具有良好电子传输性质的电池。对于化学掺杂，文献中报道了镁或铝掺杂的 ZnO 和钇、铌或锂掺杂的 TiO₂ 等，通过掺杂提高了电子传输材料的迁移率、电池的稳定性和效率。与之相比，采用混合材料方式制成的复合材料作为电子传输材料，例如 TiO₂-ZnO、SnO₂-ZnO、碳量子点 -TiOₓ、石墨烯 -TiO₂、SiW₁₂-TiO₂、TiO₂-ZnS 等，可以优化电子抽取效率和电导率。另外，研究表明在电子传输层与钙钛矿层之间增加缓冲层或修饰有机小分子层，能够改善能带的结构，减少界面的复合。这些研究的开展和深入，不仅可以了解电子传输材料的本质特征，也为进一步提高电池的效率提供了一定的参考。

2.4　钙钛矿材料制备方法

钙钛矿薄膜作为钙钛矿太阳能电池的核心吸光层，是直接决定太阳能光电转换性能的关键因素，因此，无论何种结构的钙钛矿器件，制备覆盖率高、光滑、致密、形貌可控的高质量钙钛矿薄膜，是制备高效率钙钛矿太阳能电池的关键。同时，高质量的薄膜取决于制备方法、工艺、材料的组成和衬底材料多种因素。高效率的钙钛矿薄膜可通过多种成膜方法制备，主要有液相法和气相法两种生长方式以及在此基础上衍生的方法，包括一步旋涂法、两步连续沉积法、双源蒸气沉积法、蒸气辅助沉积法等。

2.4.1　一步旋涂法

一步旋涂法，通常是指将 PbI_2 和 CH_3NH_3I 以等摩尔比例溶解在高沸点的 N,N-二甲基甲酰胺（DMF）、二甲基亚砜（DMSO）和 γ-丁内酯（GBL）溶剂中，70℃恒温搅拌 12h 以上，制备钙钛矿前驱体溶液。随后将制备的前驱体溶液经过一步旋涂在介孔 TiO_2、Al_2O_3 或者平面结构的致密 TiO_2、SnO_2 基底上，再经过加热退火处理使钙钛矿薄膜完成结晶过程。一步法制备钙钛矿薄膜操作方便、工艺简单，但是这种方法制备的钙钛矿薄膜均匀性差、表面覆盖率极低，易形成树枝状、团簇状以及岛状结构等，因此，在目前报道的一步法制备钙钛矿层的过程中，大多需在旋涂过程中，以及高沸点溶剂接近饱和但晶核未析出之前滴加氯苯、甲苯、乙醚等反溶剂快速洗去多余的前驱体溶剂，以加速晶核快速结晶析出，或者旋涂后经过真空闪蒸抽气、甲胺后处理、溶剂蒸气退火等对钙钛矿薄膜形貌优化处理，促进钙钛矿晶体结晶，最终获得均匀、致密、覆盖率高的钙钛矿薄膜。

2.4.2　两步连续沉积法

两步连续沉积法制备钙钛矿层最初是由 Gratzel 等人报道，首先将 PbI_2 溶液旋涂在多孔 TiO_2 基底上并于 70℃加热烘干，随后浸入 MAI 的异丙醇溶液中，薄膜颜色迅速由亮黄色变成钙钛矿薄膜所需的红棕色，最后再进行 100℃退火处理，得到钙钛矿薄膜，最终制备的器件效率高达 15%，此种方法称为两步连续沉积法。由于该制备方法的相转变是从绝缘的无机卤化物 PbI_2 表面到底部，底部很容易残留未反应的 PbI_2，因而该方法难以得到质量均一的钙钛矿薄膜。

2.4.3　双源蒸气沉积法

2013 年，Snaith 课题组提出用双源蒸气沉积法制备高质量钙钛矿薄膜，即把 $CH_3NH_3PbI_3$ 与 PbI_2 分别放入不同的蒸发源中，在氮气氛围下，通过调控两种材料的蒸发速率，将反应生成的钙钛矿薄膜均匀地沉积在致密的 TiO_2 薄膜上，最终制得的钙钛矿器件效率超过 15%。通过该方法制备的钙钛矿薄膜致密均匀，无针孔，且晶粒尺寸接近毫米级别（图 2-7）。虽然通过此方法能够形成高质量的钙钛矿薄膜，但成膜条件要求苛刻，必须在高级别的低真空状态下，制备方法极其复杂且对设备的精密程度要求较高，因而设备成本大大增加，大规模应用受到限制。

图 2-7　双源蒸气共沉积法

2.4.4　蒸气辅助沉积法

蒸气辅助沉积法（图 2-8）是在结合两步沉积法和双源蒸气沉积法这两种技术的基础上发展而来的一种制备钙钛矿薄膜的方法。具体的制备过程：先通过旋涂方法制备碘化铅薄膜，然后将已制备的薄膜置于 MAI 蒸气环境下，直至碘化铅反应完全，随后在 150℃下退火 2h，形成钙钛矿薄膜。通过这种方法制备的钙钛矿薄膜表面完全覆盖，晶粒大小一致且达到微米级，碘化铅的转化率达100%，且器件的效率高达 12.1%。

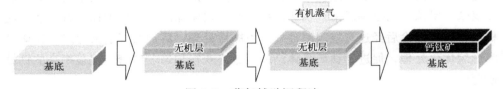

图 2-8　蒸气辅助沉积法

2.4.5　其他制备方法

除了上述四种常用的制备方法外，还涌现出了许多新颖的制备方法，主要有喷涂法、狭缝涂布法、刮刀涂布法和喷墨打印法。戴黎明教授课题组采用喷涂法制备钙钛矿薄膜，所制备的光伏器件光电转换效率达 10.2%。2015 年，Bade 等人在室温条件下，通过控制空气的湿度在 15% ~ 25% 之间，采用全印刷刮涂的方法得到了光电效率为 10.44% 的器件，并且首次实现了室温下全印刷柔性钙钛矿器件的 PCE 为 7.149%。其他制备方法如 3D 喷涂打印、卷对卷印刷、原子层沉积、大面积涂布等方法，也应用于制备钙钛矿薄膜器件上。

2.5　钙钛矿光伏器件的结构与工作原理

钙钛矿光伏电池结构主要包含透明导电层（TCO）、电荷传输层、钙钛矿光吸收层以及金属电极，其中电荷传输层和光吸收层被广泛研究，电荷传输层主要包含电子传输层（ETL）和空穴传输层（HTL），电子传输层在器件中起到传输电子、阻挡空穴的作用，所以其材料一般为 n 型半导体，空穴传输层主要作用是传输空穴、阻挡电子，其材料一般为 p 型半导体。在光照条件下，钙钛矿层吸收入射光子，产生电子 - 空穴对，由于电子向导带能级位置更低的方向扩散，最终电子会到达阴极（cathode），提高了阴极的电子浓度，同时空穴会向价带能级位置更高的方向扩散，最终空穴到达阳极（anode）附近，和金属中的电子复合导致金属中电子浓度下降，将阴极和阳极连接就会形成光电流。除了导带和价带需要满足相应的能级要求外，各个薄膜之间也需要满足功函数匹配。当电子传输层的功函数大于钙钛矿的功函数时，为形成统一费米能级，电子传输层的能带整体上移，导致在界面处形成电子阻挡层，不利于电子传输；相反，当电子传输层的功函数小于钙钛矿的功函数时，在界面处会形成反阻挡层，利于电子的传输。根据电子传输层的功函数对电子的影响，可以推断，当空穴传输层的功函数大于钙钛矿的功函数时，在界面处会形成反阻挡层，利于空穴的传输，当空穴传输层的功函数小于钙钛矿的功函数时，在界面处会形成阻挡层，不利于空穴的传输。

2.5.1　钙钛矿光伏器件结构

无机钙钛矿太阳能电池由透明导电玻璃基底、电子传输层、钙钛矿光吸收层、空穴传输层和金属对电极五部分组成。具体而言，首先在氟掺杂的氧化锡 / 锡掺杂的氧化铟（FTO/ITO）导电基底上沉积电子传输层，电子传输层具有提取钙钛矿光吸收层的电子并阻挡空穴的作用；而后，在电子传输层上沉积无机钙钛矿薄膜，钙钛矿薄膜可以吸收太阳光并产生分离的电子和空穴；空穴传输层构建在钙钛矿薄膜之上起到传输空穴并阻挡电子的作用；最后沉积的金属对电极用来收集电荷。常见的无机钙钛矿太阳能电池的结构主要包括三种，即介孔结构、平板结构和反式结构。

钙钛矿太阳能电池器件结构的演变如图 2-9 所示。

（1）介孔结构

在介孔结构钙钛矿太阳能电池中，钙钛矿光吸收层由钙钛矿材料和介孔骨架两部分组成，如图 2-9（b）所示。介孔骨架为钙钛矿提供形核位点，使钙钛矿薄膜易于沉积和可控制备[89]。常用的介孔层材料主要包括 n 型半导体材料（如氧化钛、氧化锡等）和绝缘材料（如氧化锆、氧化铝等）。不同于绝缘介孔骨架材料，n 型半导体介孔骨架除了为钙钛矿薄膜提供支撑外，还有助于钙钛矿内形成的光生载流子快速传输，基于这种介孔结构的无机钙钛矿太阳能电池通常表现出较高的光电转换效率和较小的磁滞效应。介孔结构的主要缺点是：介孔层的制备通常需要高温退火，对制备大面积和柔性钙钛矿器件有技术障碍。此外，介孔结构增加了钙钛矿电池内载流子的复合概率，降低了电池的开路电压。

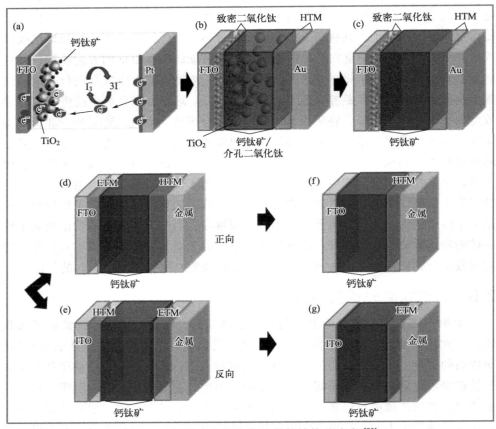

图 2-9　钙钛矿太阳能电池器件结构的演变[90]

（2）平板结构

平板结构钙钛矿太阳能电池的概念最早由 Snaith 科研团队在 2013 年提出[91]，如图 2-9（d）所示。他们通过将钙钛矿太阳能电池中的介孔氧化钛层用致密氧化钛层替换，成功制备了一种无介孔层的高效钙钛矿太阳能电池。基于平板结构的无机钙钛矿太阳能电池最初被 Ma 等人制备[92]。他们通过对退火温度和基板温度的精确调控，获得了尺寸在 500 ～ 1000nm 的无机钙钛矿晶粒。相比于介孔结构无机钙钛矿太阳能电池，平板结构能够极大地减少因介孔骨架带来的表界面缺陷，减少载流子复合损失，有利于获得开路电压更高的钙钛矿太阳能电池。但是，高表面覆盖度是衡量平板结构钙钛矿薄膜优劣的重要指标。与有机 - 无机杂化钙钛矿相比，无机钙钛矿具有更小的溶解度，这给平板结构的制备带来了很大的困难。

（3）反式结构

反式结构与平板结构相似，不同之处在于反式结构倒置了平板结构中的电子传输层和空穴传输层顺序，如图 2-9（e）所示。相比于正式结构，反式结构器件因制备工艺更加简单、可低温成膜、无明显磁滞效应、适合与传统太阳能电池（硅基电池、铜铟镓硒电池等）结合制备叠层器件等优点，受到越来越多的关注。但是，反式结构也存在不足之处。反式结构中的空穴传输材料多为疏水有机材料，这对于无机钙钛矿薄膜的成膜性是一大挑战。此外，反式结构电池的开路电压与理论值差距较大、光电转换效率相对偏低，这主要是由器件中存在大量的缺陷所导致。这些缺陷主要存在于钙钛矿活性层内部和钙钛矿活性层与电荷收集层界面处，造成了光生载流子的非辐射复合，进而严重影响电池的性能。

2.5.2　器件工作原理

要想获得高效的钙钛矿太阳能电池，理解和掌握其工作机理至关重要。图 2-10 为钙钛矿太阳能电池的工作机理。入射光从透明的导电玻璃基底一侧照进钙钛矿太阳能电池内部，并使钙钛矿半导体内部电子和空穴分离［图 2-10（a）（b）］。由于钙钛矿双极性传输的特性［图 2-10（c）］，电子和空穴会分别扩散至电子传输层 / 钙钛矿界面和空穴传输层 / 钙钛矿界面。其中电子在界面处内建电场的作用下注入电子传输层的导带中，被导电基底收集后，经外电路回到电池的对电极。而空穴经空穴传输材料的 HOMO（最高占据分子轨道）能级传输至对电极，形成完整回路。具体路径为：

① 钙钛矿受光照激发产生光生载流子；

② 电子传输至电子传输层；

③ 空穴传输至空穴传输层；

④ 钙钛矿内部非理想的电荷载流子复合；

⑤ 载流子在电子传输层 / 钙钛矿层和空穴传输层 / 钙钛矿层之间的反向传递；

⑥ 载流子在电子传输层 / 空穴传输层之间的反向传递。

通常情况下，为获得高性能，需提高步骤①～③而抑制步骤④～⑥。

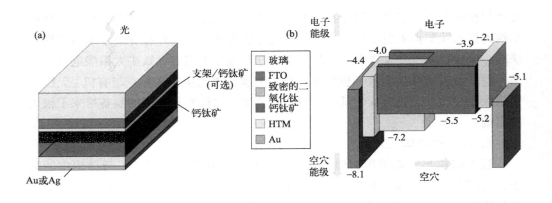

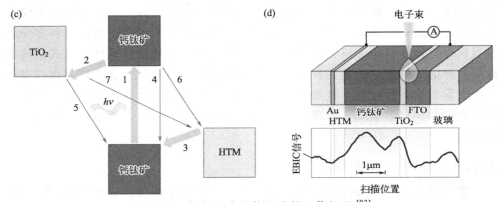

图 2-10 钙钛矿太阳能电池的工作机理[93]

（a）钙钛矿太阳能电池结构；（b）钙钛矿太阳能电池的能级和载流子的传输方向；

（c）钙钛矿太阳能电池载流子转移示意图（绿色和红色分别代表能量传输和损失过程）；

（d）钙钛矿内载流子传输 EBIC 实验

无机钙钛矿太阳能电池的工作原理与有机-无机杂化钙钛矿电池相近，可简要归纳为以下几步：

（1）激子产生与分离

在钙钛矿光伏电池中，光吸收材料属于直接带隙半导体且光吸收系数接近 $10^5 cm^{-1}$，经过太阳光辐射后，产生激子。由于激子的能量在 $30 \sim 50 meV$ 之间，接近室温下的热能约 $26 meV$，部分激子分解产生自由载流子。

（2）分解的载流子在钙钛矿层中传输

由于钙钛矿中载流子的扩散距离很长，从而保证光生载流子能够快速扩散到钙钛矿层与电荷传输层的界面，并通过电荷传输层输送到电极而被收集。其中，电子传输层主要用于传输电子并阻挡空穴，而空穴传输层主要用于传输空穴并阻挡电子。

（3）载流子的复合

电池在工作中也存在载流子复合的过程。载流子的复合不仅存在于钙钛矿层，也存在于电子层/钙钛矿层、钙钛矿层/空穴层以及电子层/空穴层界面。这些复合过程限制了电荷的传输，导致电池的光伏性能降低。

电池的光伏性能主要依赖于钙钛矿光吸收层的质量，光生载流子的传输尤为重要。早期的研究表明 $CH_3NH_3PbI_{3-x}Cl_x$ 钙钛矿材料的载流子扩散长度（ $> 1\mu m$ ）比纯的 $CH_3NH_3PbI_3$ （约 100nm）多十倍，因而具有更显著的优势。随后的研究采用蒸气相的 CH_3NH_3I 与 PbI_2 反应制备 350nm 的 $CH_3NH_3PbI_3$ 钙钛矿层，产生了更好的电荷收集效率，表明 $CH_3NH_3PbI_3$ 的载流子扩散长度超过了这个厚度。

2.6　器件评价参数及优化

2.6.1　器件主要性能参数

在钙钛矿太阳能电池中，入射光透过透明电极后，能量大于钙钛矿禁带宽度的光子被吸收会产生激子，电子受到激发跃迁到导带，空穴留在价带，这样钙钛矿材料就会产生电子 - 空穴对，这就需要足够多的光子被吸收，才能产生更多的电子 - 空穴对。随后激子在扩散的过程中会变为空穴和电子并分别注入相应的载流子传输材料中。其中空穴注入是从钙钛矿材料进入空穴传输材料中，电子注入是从钙钛矿材料进入电子传输材料中，最后电子和空穴被相应的电极吸收，通过外接负载形成闭合回路（图 2-11）。以上过程每个细节都影响着太阳能电池的发电效率。

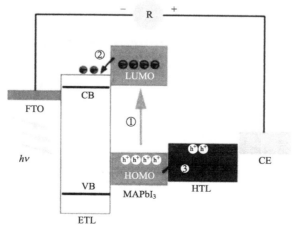

图 2-11　钙钛矿太阳能电池的能级和电荷传输示意图

①钙钛矿层（MAPbI₃）吸收光子产生电子（e⁻）和空穴（h⁺）；②激发态电子传输到电子传输层（ETL）的导带；③空穴传输到空穴传输层（HTL）的 HOMO 能级

常见的太阳能电池等效电路如图 2-12 所示。无光照时有类似二极管特性，外加电压时的单向电流 I_D 称为暗电流，光照条件下会产生光电流 I_L。串联电阻 R_s 主要来源于电极电阻、各层半导体材料的体电阻以及各层界面间的接触电阻等。并联电阻 R_{sh} 主要受钙钛矿的薄膜覆盖程度影响。来自 p-n 结的漏电行为，包括器件在制造过程中可能出现边缘漏电和杂质以及缺陷引起的内部漏电行为。外部负载电阻用 R_L 表示。由此可以计算出流过负载的电流 $I=I_L-I_D-I_{sh}$，显然串联电阻越小，并联电阻越大，填充因子就越大，效率就越高。

$$J = J_L - J_0 \left\{ \exp\left[\frac{e(V - J \times R_s)}{mK_B T} \right] - 1 \right\} - \frac{V - J \times R_s}{R_{sh}} \tag{2-6}$$

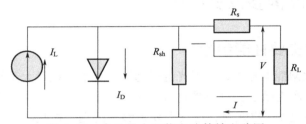

图 2-12　常见的太阳能电池等效电路图

由上式可知，在电池的电极两端连接一个可变电阻，在一定的太阳光辐照度和温度下，在外加负载 R_L 从 0 变到无穷大的过程中，R_L 两端的电压 V 和流过的电流 I 之间的关系曲线，即为光伏电池的伏安特性曲线，也叫作 J-V 特性曲线（图 2-13）。

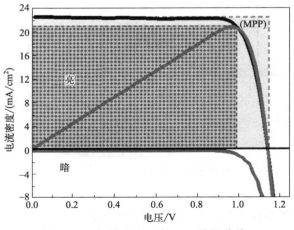

图 2-13　钙钛矿电池的 J-V 特性曲线

在对器件进行性能评价时，目前主要采用以下五个方面作为考量太阳能电池性能优劣的标准：开路电压、短路电流、最大输出功率、填充因子和光电转换效率。

2.6.1.1　开路电压

在一定的温度和太阳光辐照度条件下，太阳能电池在开路情况下的端电压，也就是伏安特性曲线与电流密度为 0 处横坐标的交点所对应的电压值叫作开路电压，通常用 V_{oc} 表示。太阳能电池的 V_{oc} 与面积大小无关。对于一般的太阳能电池可以近似认为接近理想状态，即电池的串联电阻为 0，并联电阻无限大。开路情况下，I 为 0，则此时负载的 V 即为 V_{oc}，当 R_{sh} 足够大时，V_{oc} 的表达式为：

$$V_{oc} = \frac{AK_BT}{e}\ln\left(\frac{J_L + J_0}{J_0}\right) \approx \frac{AK_BT}{e}\ln\left(\frac{J_{sc}}{J_0}\right) \tag{2-7}$$

对于材料本身来说，开路电压主要受钙钛矿自身的光学带隙以及两侧传输层的能级匹配的影响，因此已经有报道通过改变钙钛矿材料的组分或者替换传输层来调控 V_{oc}。

2.6.1.2　短路电流

在一定的温度和太阳光辐照度的条件下，太阳能电池在开路电压为 0 时的输出电流，也就是图 2-13 中伏安特性曲线与纵坐标的交点所对应的电流值，叫作短路电流，通常用 I_{sc} 表示。太阳能电池的短路电流 I_{sc} 与器件的有效面积有关，面积越大，I_{sc} 越大，因此我们通常用电流密度 J 来表示电流的大小。根据式（2-7）可以得出，当 $V=0$ 时，$J_{sc}=J_L$。提高 J_{sc} 收集效率的途径在于提高光生载流子产生率、增加各区少子寿命和减少表面复合。也可以通过提高光吸收层的吸收系数、拓宽吸收光谱范围、增加厚度等方法提高 J_{sc}。

2.6.1.3　最大输出功率

调节负载电阻 R_L 到某一值时，在 J-V 曲线上可以得到一个点 MPP，其对应的工作电流 I_m 和工作电压 U_m 的乘积达到最大，即 $P_m=I_mU_m=P_{max}$，则称 MPP 点为最大功率点。该点对应的功率为最大输出功率。

2.6.1.4　填充因子

填充因子是指太阳能电池最大功率与开路电压和短路电流乘积的比值，是评价太阳能电池输出特性的一个重要参数，通常用 FF 表示。在伏安特性曲线图上，显示为过最大功率输出点 MPP 垂直于 x 轴和 y 轴所形成的矩形面积与开路电压所做的垂线和短路电流所做的水平线所形成的矩形面积之比。器件中串联电阻越小，并联电阻越大，则填充因子越大，器件伏安特性曲线所包围的面积也越大，越接近于方形，表示该电池在 MPP 点的输出功率越接近于极限功率，因此性能越好。

2.6.1.5　光电转换效率

电池接收光照输出的最大功率与入射到该电池上的全部辐射功率之比称为光电转换效率，简称效率（PCE）。造成电池效率损失的原因主要有：载流子的复合、pn 结和接触电压损失等。可以通过聚焦光子密度、减少材料缺陷等方法来减少损失。光电转换效率是一个器件最重要的指标，它的高低关系到器件实用化潜力的大小。许多研究都是以达到高的光电转换效率作为最终目标而进行的。

2.6.2　提升性能的主要手段

2.6.2.1　前驱体溶液的制备策略

制备优异的钙钛矿薄膜被认为是制备高效钙钛矿太阳能电池的前提。虽然钙钛矿电池的效率受到多方面因素的影响，例如器件结构和传输层的匹配程度也将决定是否能形成优异的电荷传输通道。但即使使用相同的传输层材料和器件结构，研究结果也千差万别。这意味着所制备的钙钛矿薄膜的质量不同，制备方法的差异性也将会对活性层表面形貌，以及钙钛矿层的结晶度、缺陷浓度、晶粒生长等有很大影响。因此有必要对前驱体溶液以及薄膜的制备方法进行更深入的研究。

采用溶液法制备钙钛矿薄膜时首先要制备前驱体溶液，因此前驱体溶液中胶体的性质直接决定了钙钛矿薄膜的性质。文献中已经报道了一些方法（例如引入添加剂和改变前驱体化学计量比）能够通过调节前驱体溶液胶体特性，改善所制备的薄膜质量，进而提高器件的光电特性。比如次磷酸、1,8-二碘辛烷、甲基氯化铵、路易斯酸碱等作为前驱体溶液添加剂，可以提高钙钛矿晶粒尺寸。图 2-14 展示了甲基铵乙酸盐（MAAc）以及分子添加剂硫代氨基脲（TSC）的混合添加剂技术以及 DMSO 作为路易斯碱的添加剂工程[94]。在卤化物钙钛矿中加入少量碘化钾（KI）可以实现无迟滞钙钛矿太阳能电池的制备。Snaith 等将离子液体（BMIMBF$_4$）加入钙钛矿薄膜中，提高了器件效率，并显著提高了器件的长期稳定性[95]。Yang 等系统地研究了茶碱、咖啡因和可可碱的不同化学环境的官能团对钙钛矿缺陷钝化的情况，认为茶碱、氨基氢与表面碘化物之间的氢键作用使具有铅的反位缺陷的羰基相互作用最优化，钙钛矿太阳能电池的效率从 21% 提高到 22.6%[96]。Min Sang Kwon 和 Myoung Hoon Song 等研究者发现具有罗丹宁（rhodanine）结构的有机共轭分子（SA-1 和 SA-2）可用作半导体化学添加剂，帮助产生大尺寸钙钛矿晶粒并改善电荷抽取[97]。Zhou 等人通过在钙钛矿吸光层中引入具有氧化还原活性的 Eu^{3+}-Eu^{2+} 离子对，实现了寿命周期内本征缺陷的消除，从而大大提升了电池的长期稳定性。研究表明，Eu^{3+}-Eu^{2+} 离子对充当"氧化还原穿梭"，其在周期性转变中同时氧化并减少 I^0 缺陷。所制备的器件实现了 21.52% 的光电转换效率，并且具有显著改善的长期耐久性[98]。

氟化物也可以作为添加剂对钙钛矿的晶格形成保护层，通过强氢键和离子键来稳定晶格[99]。

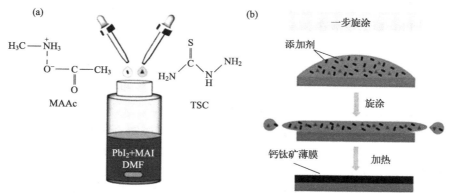

图 2-14　在化学计量比 PbI$_2$-MAI 前驱体溶液中，以 DMF 为溶剂，MAAc 离子添加剂和 TSC 分子添加剂相结合的添加剂工程[94]

除了前驱体溶液中添加剂可以优化钙钛矿薄膜外，前驱体溶液的非化学计量比以及碘化铅的钝化等也会影响薄膜性质，Liu 等在碘化铅前驱体溶液中引入单质碘，成功获得了碘化铅的多孔结构。改变前驱体中的单质碘含量，能够控制碘化铅薄膜中孔隙的数量和大小，同时能够实现对钙钛矿薄膜结晶和形貌的调控，获得结晶良好，晶粒变大、表面更平整的钙钛矿薄膜。最终 p-i-n 平面结构钙钛矿太阳能电池的转换效率从 16.89% 提高到了 18.63%[100]。Zhao 等在之前报道的 Cs 晶种诱导的两步法基础上，进行了系统的界面优化，分别通过控制有机胺盐在碘化铅（PbI$_2$）上的反应深度、钙钛矿后续的分解程度以及钙钛矿表面的溶剂处理实现了 PbI$_2$ 对于钙钛矿薄膜的顶部、底部以及晶界处的一系列钝化，效率超过了 22%[101]。过量的碘化铅（PbI$_2$）可以减少钙钛矿薄膜卤化物空位并提升载流子寿命。因此，钙钛矿太阳能电池前驱体溶液使用非化学计量比制备，通常使用过量的 PbI$_2$ 作为一种缺陷钝化材料来提升器件效率。然而，PbI$_2$ 是一把双刃剑，过量的 PbI$_2$ 通常分布在钙钛矿薄膜上下表面，并在表面形成势垒，阻碍电荷纵向传输。此外，PbI$_2$ 受光激发产生的电荷集聚会诱导钙钛矿薄膜的降解。因此，合理控制 PbI$_2$ 的含量和分布对器件效率和稳定性至关重要。

2.6.2.2　活性层薄膜的制备策略

在配制好前驱体溶液后需要把前驱体溶液沉积在衬底上形成钙钛矿薄膜，溶液法制备钙钛矿薄膜通常有两种方法：一步旋涂法和两步连续沉积法。以 MAPbI$_3$ 为例，钙钛矿的形成既可以通过旋涂 MAI 和 PbI$_2$ 混合溶液（一步混合涂层）来实现，也可以通过先旋涂 PbI$_2$，成膜后再旋涂 MAI 溶液相互渗透来实现。对于一步旋涂法，钙钛矿的溶剂一般为 *N,N-* 二甲基甲酰胺（DMF）、二甲基亚砜（DMSO）等，旋涂完之后进行退火即可。对于两步连续沉积法，首先将 PbI$_2$ 溶液涂覆在衬底上形成 PbI$_2$ 膜，然后在 PbI$_2$ 膜上覆盖 MAI 的异丙醇溶液。也可以将 PbI$_2$ 薄膜浸泡在 MAI 溶液中。

图 2-15 显示了一步法和两步法的步骤。为了制备出高质量的钙钛矿薄膜，必须调整旋涂参数，如旋转速度和时间、制备温度、溶液润湿性和黏稠度等。与一步旋转涂层相比，两步旋转涂层由于具有更好的形貌和界面而表现出更好的光电性能，也表明了钙钛矿薄膜的形貌控制是实现高效钙钛矿太阳能电池的关键。两步连续沉积法制备的钙钛矿呈长方体晶体，而溶解在 DMF 溶液中 MAI 和 PbI$_2$ 的一步法制备的钙钛矿晶粒形貌不规则[102]。在两步法沉积步骤中，MAPbI$_3$ 晶粒的大小随着 MAI 的浓度而显著改变[103]。以甲胺氯碘化铅（MAPbI$_2$Cl）钙钛矿层为例，由于 PbCl$_2$ 在 DMF 中的溶解度差，只能采用 CHNH$_3$I 和 PbCl$_2$ 混合的一步沉积工艺，发现其扩散长度比纯 MAPbI$_3$ 高很多[104]。最近，研究人员发现用 PbI$_2$ 作为添加剂可以提高 PbCl$_2$ 的溶解度，实现了两步法。Wu 等在 DMF 中加入 PbI$_2$ 成功地溶解了 PbCl$_2$ 盐，并将其涂覆在介孔 TiO$_2$ 膜上，然后浸泡在 CH$_3$NH$_3$I 溶液中，成功获得了形貌可控的钙钛矿层[105]。

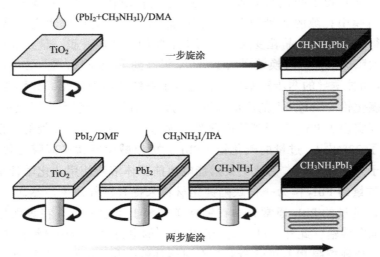

图 2-15　一步法和两步法沉积 CH$_3$NH$_3$PbI$_3$ 薄膜[102]

早期一步法制备的钙钛矿薄膜比较粗糙，孔洞比较多，可以通过调控溶剂的类型和退火温度等条件进行改善。两步连续沉积法制备的薄膜形貌更加优异。但也存在一些问题，例如由于是相互渗透过程，会造成钙钛矿的不完全反应，从而造成 PbI$_2$ 的残留。过多的 PbI$_2$ 残留对钙钛矿的长期稳定性是不利的，并且在退火过程中，上层的有机阳离子很容易跑掉也促进了过量 PbI$_2$ 的残留[106]。

　　Kearney 等人采用模拟光激发来分析深层陷阱对钙钛矿电池效率的影响。通过使用有限元漂移扩散建模研究了不同制备方法下太阳能电池的电荷载流子路径。研究表明，一步法的陷阱在整个钙钛矿晶体内扩散；而两步法的陷阱聚集在 MAPbI/TiO$_2$ 界面。该研究对钙钛矿制备方法对电池效率的影响提出了一个合理的解释[107]。

　　上述提到一步旋涂法钙钛矿成膜形貌质量较差，表面孔洞比较多，近年来，溶剂工程的提出使得一步旋涂法形成的钙钛矿层的形貌得到控制。Cheng 等报道通过将未退火的湿钙钛矿层立即暴露于氯苯中，诱导钙钛矿层的快速结晶，制备过程如图 2-16（a）所示，单步骤工艺能够制备出平坦且均匀的钙钛矿薄膜。氯苯的作用是从 DMF 溶剂中快速析出钙钛矿晶种，提高成核速率，加速晶体生长，制备出晶粒规整的钙钛矿薄膜[108]。Seok 团队还使用 DMSO 和 GBL 按特定比例的混合溶剂工程开发了一种新型钙钛矿薄膜制备技术。在钙钛矿旋涂的过程中进行甲苯滴注冲洗，退火后形成了光滑致密的钙钛矿层［图 2-16（b）］。在成膜过程中 DMSO 可以有效地抑制 PbI$_2$ 与 MAI 之间的快速结晶过程，只能形成 MAI-PbI$_2$-DMSO 中间相。甲苯作为冲洗溶剂能够迅速萃取过量的 DMSO，破坏

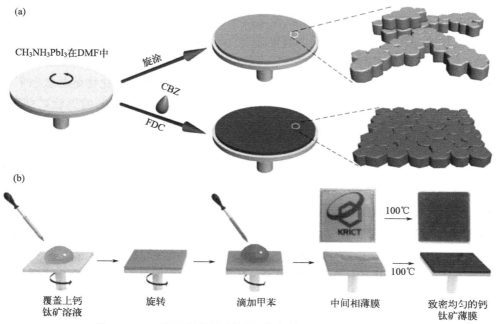

图 2-16　一步法氯苯溶剂诱导快速结晶示意图（a）[108]
及一步法制备均匀致密钙钛矿薄膜步骤（b）[109]

中间相形成钙钛矿。最后，在 100℃ 退火后获得均匀的钙钛矿层，器件的效率为 16.2%。该工艺至今仍是制备高效稳定钙钛矿光伏器件的最有效方法之一[109]。目前，常用的反溶剂主要是甲苯、氯苯、二氯甲烷等溶剂，这些溶剂均具有较强的毒性，因而阻碍了反溶剂法的大规模应用。因此，开发绿色环保的新型反溶剂对于实现钙钛矿太阳能电池的商业化具有重要意义。

Zhang 等使用茴香醚绿色溶剂代替氯苯有毒溶剂作为反溶剂制备高质量钙钛矿薄膜，相对于氯苯反溶剂，茴香醚可以有效增加钙钛矿薄膜的晶粒大小，降低其表面粗糙度，进而获得光生载流子传输更加通畅、复合速率更低、寿命更长的钙钛矿薄膜。制备出的平面型钙钛矿电池获得了 19.42% 的转换效率，与氯苯反溶剂制备的钙钛矿电池性能相当[110]。最近，溶剂工程的普适也在两步沉积过程中得到了证明。PbI_2 的快速结晶导致形成不同大小的晶粒尺寸，从而导致形成的钙钛矿晶粒分布比较随机不可控。Han 等在平面衬底上通过使用 DMSO 作为配位溶剂推迟 PbI_2 晶体生长来优化连续沉积的 $MAPbI_3$ 钙钛矿薄膜，该方法克服了在没有介孔支架的情况下钙钛矿的不完全转化和粒径不可控的问题，大大提高了薄膜的重现性[111]。

除了使用溶液法制备钙钛矿薄膜，双源蒸气沉积法也被用于制备高质量钙钛矿薄膜。2013 年，Snaith 通过将钙钛矿原材料 MAI 和 PbI_2 共同蒸发来制备钙钛矿薄膜，通过控制材料的含量以及蒸发速率来控制薄膜的形貌。这种方法制备的钙钛矿薄层致密均匀无孔洞并且厚度均匀。以气相沉积的钙钛矿作为吸收层，可以有超过 15% 的光电转换效率[112]。Snaith 团队还报道了一种利用双源蒸气沉积法制备窄带隙钙钛矿薄膜和器件的方法。使用混合的金属卤化物熔融状态下与 FAI 一起共蒸发时，形成了混合组分 $FA_{1-x}Cs_xSn_{1-y}Pb_yI_3$ 均匀致密的钙钛矿薄膜，熔体中的 SrF_2 有助于调节钙钛矿的光电性质，从而能使太阳能电池的效率达到 10%[113]。这开创了蒸发工艺制备钙钛矿合金的新工艺范例。

Yang 等展示了一种低温蒸气辅助成膜工艺来制备全表面覆盖、表面粗糙度小和高达微米尺寸的多晶钙钛矿薄膜。该方法是在沉积完第一步 PbI_2 薄膜后，通过 MAX（X=I、Cl、Br）蒸气熏蒸，使之缓慢形成钙钛矿。该方法相对双源蒸气沉积法对设备要求较低，制备工艺简单，但需要精确地调控 MAX 的蒸气浓度。基于该方法所制备薄膜的太阳能电池实现了 12.1% 的效率，为钙钛矿薄膜的制备方法多样性提供了一种简单的思路，为薄膜和器件的高重复性另辟了道路[114]。随后此方法也衍生出了一系列的溶剂辅助退火，例如 DMF、DMSO 等提供的溶剂氛围也可以有效改善钙钛矿晶粒质量[115]。溶剂蒸气辅助结晶的报道使人们认识到杂化钙钛矿薄膜的形成非常灵活多变。这些层可以通过溶液或蒸气单独沉积，然后通过第二组分溶液或蒸气暴露接触进行离子交换，这种技术可以改善活性层缺陷的问题。

2.6.2.3 传输层薄膜的制备策略

前面研究了钙钛矿薄膜的制备工艺，现在我们把关注点转移到构成钙钛矿电池的其他层，特别地我们将要讨论电子传输层（ETL）、空穴传输层（HTL）、缓冲层和电极对钙钛矿的影响。

（1）电子传输层

介孔钙钛矿太阳能电池最常用的电子传输材料是 TiO_2。但它依然存在一些问题，例如在 TiO_2 层会存在一些非化学计量缺陷，如 O 原子空位和 Ti 原子间隙等。这些缺陷导致了深能级带隙缺陷态，降低了太阳能电池的性能。需要引入 O 来钝化这些陷阱，但钙钛矿其他层需要避免氧气的接触。Pathak 等尝试在 TiO_2 中掺杂铝元素来解决此问题。使用含有铝的前驱体的溶胶凝胶沉积工艺掺杂 TiO_2，少量的铝掺杂使得 TiO_2 层的导电性增加。铝掺杂降低了陷阱态的数量，并起到了钝化非化学计量缺陷的作用，从而提高了掺铝 TiO_2 电池的器件性能[116]。还有一些其他掺杂手段，例如 Dai 等在 TiO_2 传输层中加入硼掺杂剂，不仅降低了钙钛矿器件的回滞现象，而且提高了效率。分析认为硼物质取代未配位的钛原子有效地钝化了 TiO_2 中的氧空位缺陷，导致电子迁移率和导电性增加，从而极大地促进了电子传输。同时，硼掺杂剂使 TiO_2 的导带位置升高，从而可以提供更有效的电子输运。最终基于 B-TiO_2 的 $MAPbI_3$ 光电器件达到了 20.51% 的效率[117]。其他研究者分别向 TiO_2 中掺杂 Cl 和 Zn 等元素也都取得了非常好的效果，因此对 TiO_2 进行改性可以优化其特性[118]。

还可以将 TiO_2 替换为 SnO_2 等，随着研究的深入人们发现，SnO_2 也有些不足之处，高温处理过程往往使 SnO_2 致密层的性能变差，最终拉低了整个电池的性能。Fang 等采用 Mg 掺杂 SnO_2 薄膜作为致密层，再用一层非常薄的高温纳米 SnO_2 作为多孔层（500℃热处理），这种采用全高温 SnO_2 材料的方法大大提高了电子抽取效率，使得电池性能得到大幅度提升，最高效率达到了 19.2%[119]。Chang 等首次将聚乙烯亚胺掺杂到 SnO_2 中来实现低温溶液处理的 SnO_2 电子传输层。掺杂的 SnO_2 膜可以实现更好的能级匹配、更大的内建电场、增强的电子提取能力以及减少的电荷复合，有助于改善器件性能，在低温下成功制备了效率为 20.61% 的器件[120]。掺杂一些稀土离子、Zr、钇元素等也可以有效改善 SnO_2 性能。除了一些金属氧化物电子传输层，也有一些有机电子传输材料被广泛应用[121]。

富勒烯材料 PCBM 是一种常见的电子传输材料，在钙钛矿器件中亦有应用。Jinsong Huang 等人证明了沉积在钙钛矿上的富勒烯层可以有效地钝化钙钛矿材料表面和晶界上的陷阱态，并进一步消除此类器件中的光电流滞后现象。沉积在钙钛矿顶部的富勒烯将陷阱密度降低了两个数量级，并将钙钛矿太阳能电池的功率转换效率加倍（图 2-17）[122]。但由于其低的电子迁移率，以及钙钛矿 PCBM

界面处依然存在非辐射复合导致器件效率较低，人们进一步对其性能进行了挖掘改善。Shengzhong Liu 等研究人员将共轭的 n 型聚合物材料与 PCBM 混合在一起，形成具有高电子迁移率和合适能级的薄膜。研究发现优化后的薄膜能够完全覆盖钙钛矿表面以优化界面接触，增强电子提取能力。由于相对介电常数很大，修饰后薄膜的临界电子捕获半径从 PCBM 的 14.89nm 减小到 12.52nm，导致钙钛矿 / 电子传输层界面处的非辐射复合降低。基于优化材料的反型钙钛矿器件的效率超过 20.6%[123]。Chen 等发明了一种基于单分散氧化物纳米颗粒表面改性的方法，改性后的纳米颗粒在极性和非极性溶剂里均可实现良好的分散，可以在低温下十分方便地在钙钛矿薄膜的上方形成高质量的界面薄膜。PCBM/CeO$_x$ 双层结构的电子传输层增强反型结构钙钛矿太阳能电池的效率[124]。

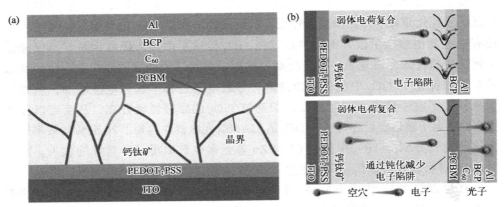

图 2-17　PCBM 在钙钛矿器件中的作用[122]

（a）PCBM 作为电子传输层的器件结构；（b）通过钝化陷阱态减少表面复合示意图

（2）空穴传输层

在正型结构中常用的空穴传输材料为 Spiro-OMeTAD-PTAA 等，为了提高材料的电导率，往往需要使用 Li-TFSL 和 tBP 作为添加剂共同使用，有研究表明掺杂的 Spiro-OMeTAD 或者 PTAA 得到的电池器件的效率受到制备过程中气体氛围的影响，在制备结束后需要对器件进行氧化处理。氧化的时间也会对器件性能产生影响。常见的添加剂如 Li-TFSI、tBP、FK209 等极易吸潮，会导致钙钛矿材料的分解，氧气的引入也对钙钛矿是不利的。Yan 等以常规的氯苯溶剂制备非掺杂的 Spiro-OMeTAD 薄膜（Spiro-CB），以及用不含卤素的低沸点四氢呋喃（THF）为溶剂，通过动态旋涂的方式制备 Spiro-OMeTAD 薄膜（Spiro-THF），得到了 17% 的效率，这也是非掺杂 Spiro-OMeTAD 取得的最高效率[125]。Yutaka Matsuo 教授等使用 [Li$^+$@C$_{60}$]-TFSI 替代 Li-TFSI 作为 Spiro-MeOTAD 的掺杂剂，利用 C$_{60}$ 富勒烯改性 Li 将亲水性碱盐改变为疏水性物质。这种方法使其空气稳定性是使用 Li-TFSI 的近 10 倍。高的稳定性归因于 [Li$^+$@C$_{60}$]-TFSI 的疏水性质并且吸收入侵的氧气，从而保护钙钛矿装置免于降解。此外，[Li$^+$@C$_{60}$]-TFSI 可以在不需要氧气的情况下氧化 Spiro-MeOTAD[126]。Jia 等开发了一种新型空穴掺杂剂 LAD，其极具潜力取代上述 Li-TFSL 和 tBP 掺杂剂。光伏性能研究表明，基于 LAD 的钙钛矿太阳能电池取得了更优的光电转换效率[127]。PEDOT：PSS 也常被使用作为反型结构的空穴传输层，但其酸性以及低的电导率也阻碍了其发展。也有一些研究人员对其进行界面调控以及改性，取得了不错的效果。有文献报道在 PEDOT：PSS 里面添加 IPA 可以提高其导电性，从而改善器件的性能[128]。

除此以外，NiO$_x$ 也经常被使用作为空穴传输材料（图 2-18），Hao 等人为了有效地减小因 NO 与钙钛矿直接接触而造成晶格失配的缺陷，提出通过引入失配度小的界面缓冲层材料 CsBr 来有效地缓解晶格扭曲造成的界面张力及缺陷，在基于 NiO/钙钛矿异质结的结构上，实现了低缺陷高质量钙钛矿晶体薄膜的制备，进而提升了界面电荷转移，抑制了缺陷造成的电荷复合，并显著提升了器件的性能[129]。Hu 等首次在反型平面结构钙钛矿中使用了溶液处理的 Co 掺杂 NO$_x$ 薄膜作为空穴传输层，得到了比不掺杂器件更高的效率 18.6%。结果表明，适当的共掺杂可以显著地调节 NO$_x$ 薄膜的功函数，提高薄膜的电导率[130]。此外还有一些有机聚合物材料等也被使用作为高效的空穴传输层。例如 DTB、BBOT 等[131]。

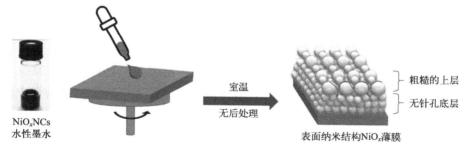

NiO$_x$NCs 水性墨水

室温 无后处理

粗糙的上层 无针孔底层

表面纳米结构NiO$_x$薄膜

图 2-18　制备 NiO$_x$ 表面纳米结构薄膜的方法示意图[129]

（3）缓冲层

通过在电荷传输层/电极及电荷传输层/光吸收层之间引入能带结构合适的缓冲层，可有效改善界面间的能带失配、载流子复合、化学反应等问题，进而提高钙钛矿电池的性能。华中科大陈炜教授团队联合上海交大的韩礼元教授，报道了一种通过半金属铋界面层提高稳定性的简便策略（图 2-19）[132]。铋界面层可以通过低温廉价的热蒸镀制备，在放大生产时，不会增加工艺流程的复杂性，也不会增加成本。这种半金属铋具有独特的抗卤素腐蚀的性能，研究证实铋可以与卤化物钙钛矿直接接触而不发生化学反应，这在元素周期表中几乎是独一无二的。铋具有二维晶体结构,其低温蒸镀的薄膜以二维层状生长,晶界较少、形貌致密,在电池结构中引入铋界面层,既可以防止钙钛矿外部水分的侵入,又可以保护金属电极免受钙钛矿碘蒸气(离子)的腐蚀。基于铋界面的器件在受到湿度、热和光应力时,表现出极大改善的稳定性。未封装的器件在黑暗环境中保持其初始效率的88%超过6000h。在氮气氛围下,85℃暗态热老化和最大功率点持续光照老化500h后,器件分别保持其初始效率的95%和97%。消除金属电极的不稳定隐患,对于逐步解决钙钛矿电池器件的整体稳定性问题具有重要意义。

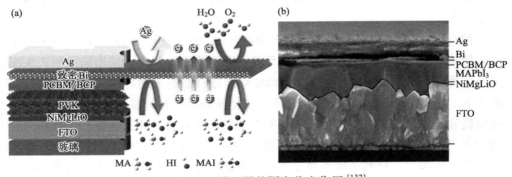

图 2-19 Bi 界面层的隔离稳定作用 [132]

(a)电池结构示意图;(b)扫描电镜照片

缓冲层钝化是减少缺陷和抑制非辐射复合的有效方法。研究人员将有机胺盐(如碘化苯乙胺,PEAD)成功用于钝化钙钛矿表面,实现了创纪录的转换效率 [133]。Gao 等使用 1- 萘甲胺碘化物 NMAI 对 CsFAMA 三种混合阳离子的三维钙钛矿膜退火后进行后处理,以钝化钙钛矿的表面和界面,从而减少非辐射复合,获得了 21.04% 的效率 [134]。Alex K-Y Jen 采用了较大的烷基铵中间层(LAI)来减少在传输层和钙钛矿之间发生的能量损失。与报道的底部或顶部表面钝化策略相比,使用 LAI 可以同时抑制钙钛矿顶部和底部界面的非辐射能量损失。结果,降低的表面复合速度和缺陷密度使得钙钛矿的光带隙为 1.59eV,光电压从 1.12V 大幅提高到 1.21V,最佳 PCE 可达 22.31%[135]。Jin Young Kim 等研究了 MACl 对钙钛矿薄膜的影响,使用 MACl 对钙钛矿活性层后处理的方法使得吸光层薄膜表面形貌、晶体学性质、光学吸收和光致发光性能得到增强,从而可形成高性能钙钛矿太阳能电池,实现了 24.02% 的钙钛矿太阳能电池效率 [136]。载流子传输层与钙钛矿活性层之间加入合适的缓冲钝化层可以有效地形成梯度能级,提高晶粒质量,钝化缺陷等,是提高器件性能的常用手段之一。

除了对传输层与活性层界面进行修饰,也有大量的研究者对传输层与电极界面进行修饰,也取得了显著的成果。Huang 等采用独特的双富勒烯层可以通过与阳极形成肖特基势垒来显著降低漏电流，并有效地钝化钙钛矿中的陷阱，通过提高钙钛矿太阳能电池的填充因子到 80% 以上来提高效率[137]。He 等通过简单溶液法，在银电极和空穴传输层之间引入高稳定性金属乙酰丙酮化合物，由此有效增强电子提取能力。实验也发现金属乙酰丙酮化合物可以形成良好的界面能带弯曲，并且可以调节金属电极表面的功函数，促进电子的高效转移。最佳电池效率达到了 18.69%[138]。Lei 等采用乙酰丙酮锆（Zracac）修饰 Al 电极，使得 $PC_{60}BM$ 电子迁移率提高，同时降低缺陷密度，表现为电池中电荷转移电阻降低，实现了阴极对电子的高效收集，电池的光电转换效率达到 20.5%[139]。Liu 等报道了利用 EDTA 成功地修饰 SnO_2 电子输运层抑制了平面器件滞回。EDTA 修饰 SnO_2 使得其费米能级与钙钛矿的导带匹配较好，开路电压较高。它的电子迁移率大约是 SnO_2 的三倍，最终效率提高到 21.60%[140]。

　　综上所述，由于钙钛矿薄膜大部分是由溶液制备的，溶液的状态可以由钙钛矿的化学性质决定，因此对前驱体溶液的化学性质进行更系统的研究有望提高电池的效率。对钙钛矿薄膜的制备方法做了一系列的对比，不同的制备手段对钙钛矿薄膜的结晶、取向、晶粒质量有很大影响，需要不断优化制备手段。除了钙钛矿的活性层，传输材料的选择以及缺陷钝化也极为重要，可以通过一些特殊的钝化材料来改善界面接触，优化电荷传输效率，提升器件的性能。

参考文献

[1] Stoumpos C C, Malliakas C D, Kanatzidis M G. Semiconducting tin and lead iodide perovskites with organic cations: phase transitions, high mobilities, and near-infrared photoluminescent properties[J]. Inorganic Chemistry, 2013, 52 (15): 9019-9038.

[2] Poglitsch A, Weber D. Dynamic disorder in methylammoniumtrihalogenoplumbates（Ⅱ）observed by millimeter - wave spectroscopy[J]. The Journal of Chemical Physics, 1987, 87 (11): 6373-6378.

[3] Kawamura Y, Mashiyama H, Hasebe K. Structural study on cubic-tetragonal transition of $CH_3NH_3PbI_3$[J]. Journal of the Physical Society of Japan, 2002, 71 (7): 1694-1697.

[4] Maalej A, Abid Y, Kallel A, et al. Phase transitions and crystal dynamics in the cubic perovskite $CH_3NH_3PbCl_3$[J]. Solid State Communications, 1997, 103 (5): 279-284.

[5] Mohamed S H, El-Hossary F M, Gamal G A, et al. Optical properties of plasma deposited amorphous carbon nitride films on polymer substrates[J]. Physica B: Condensed Matter, 2010, 405 (1): 254-257.

[6] Tauc J, Menth A. States in the gap[J]. Journal of Non-crystalline Solids, 1972, 8: 569-585.

[7] Saidaminov M I, Abdelhady A L, Murali B, et al. High-quality bulk hybrid perovskite single crystals within minutes by inverse temperature crystallization[J]. Nature Communications, 2015, 6: 7586.

[8] Grancini G, D'Innocenzo V, Dohner E R, et al. $CH_3NH_3PbI_3$ perovskite single crystals: surface photophysics and their interaction with the environment[J]. Chemical Science, 2015, 6

　　　　（12）: 7305-7310.

[9] Yan J, Ke X, Chen Y, et al. Effect of modulating the molar ratio of organic to inorganic content on morphology, optical absorption and photoluminescence of perovskite $CH_3NH_3PbBr_3$ films[J]. Applied Surface Science, 2015, 351: 1191-1196.

[10] Eperon G E, Paternò G M, Sutton R J, et al. Inorganic caesium lead iodide perovskite solar cells[J]. Journal of Materials Chemistry A, 2015, 3 (39): 19688-19695.

[11] Swarnkar A, Marshall A R, Sanehira E M, et al. Quantum dot-induced phase stabilization of α-CsPbI₃ perovskite for high-efficiency photovoltaics[J]. Science, 2016, 354 (6308): 92-95.

[12] Wang Q, Zheng X, Deng Y, et al. Stabilizing the α-phase of $CsPbI_3$ perovskite by sulfobetaine zwitterions in one-step spin-coating films[J]. Joule, 2017, 1 (2): 371-382.

[13] Zhang T, Dar M I, Li G, et al. Bication lead iodide 2D perovskite component to stabilize inorganic α-$CsPbI_3$ perovskite phase for high-efficiency solar cells[J]. Science Advances, 2017, 3 (9): e1700841.

[14] Hu Y, Bai F, Liu X, et al. Bismuth incorporation stabilized a-$CsPbI_3$ for fully inorganic perovskite solar cells. ACS Energy Letters, 2017, 2 (10): 2219-2227.

[15] Kulbak M, Cahen D, Hodes G. How important is the organic part of lead halide perovskite photovoltaic cells? Efficient $CsPbBr_3$ cells[J]. The Journal of Physical Chemistry Letters, 2015, 6 (13): 2452-2456.

[16] Akkerman Q A, Gandini M, Stasio F D, et al. Strongly emissive perovskite nanocrystal inks for high-voltage solar cells[J]. Nature Energy, 2016, 2 (2): 16194.

[17] Chang X, Li W, Zhu L, et al. Carbon-based $CsPbBr_3$ perovskite solar cells: all-ambient processes and high thermal stability[J]. Acs Applied Materials & Interfaces, 2016, 8 (49): 33649-33655.

[18] Liang J, Wang C, Wang Y, et al. Allinorganic perovskite solar cells[J]. Journal of the American Chemical Society, 2016, 138 (49): 15829-15832.

[19] Sutton R J, Eperon G E, Miranada L, et al. Bandgap-tunable cesium lead halide perovskites with high thermal stability for efficient solar cells[J]. Advanced Energy Materials, 2016, 6 (8): 1502458.

[20] Beal R E, Slotcavagr D J, Leijtens T, et al. Cesium lead halide perovskites with improved stability for tandem solar cells[J]. The Journal of Physical Chemistry Letters, 2016, 7 (5): 746-751.

[21] Ma Q, Huang S, Wen X, et al. Hole transport layer free inorganic $CsPbIBr_2$ perovskite solar cell by dual source thermal evaporation[J]. Advanced Energy Materials, 2016, 6 (7): 1502202.

[22] Chen C Y, Lin H Y, Chiang K M, et al. All-vacuum-deposited stoichiometrially balanced inorganic cesium lead halide perovskite solar cells with stabilized efficiency exceeding 11%[J]. Advanced Materials, 2017, 29 (12): 1605290.

[23] Lau C F J, Deng X, Ma Q, et al. $CsPbIBr_2$ perovskite solar cell by spray-assisted deposition[J]. ACS Energy Letters, 2016, 1 (3): 573-577.

[24] Nam J K, Chai S U, Cha W, et al. Potassium incorporat ion for enhanced per formance and stability of fully inorganic cesium lead halide perovskite solar cells[J]. Nano Letters, 2017, 17 (3): 2028-2033.

[25] Lau CF J, Zhang M, Deng X, et al. Strontium-doped low-temperature-processed CsPbI$_2$Br perovskite solar cells[J]. ACS Energy Letters, 2017, 2 (10): 2319-2325.

[26] Liang J, Zhao P, Wang C, et al. CsPb$_{0.9}$Sn$_{0.1}$IBr$_2$ based all-inorganic perovskite solar cells with exceptional efficiency and stability[J]. Journal of the American Chemical Society, 2017, 139 (40): 14009-14012.

[27] Shum K, Chen Z, Qureshi J, et al. Synthesis and characterization of CsSnI$_3$ thin films[J]. Applied Physics Letters, 2010, 96 (22): 221903.

[28] Xu P, Chen S, Xiang H J, et al. Influence of defects and synthesis conditions on the photovoltaic performance of perovskite semiconductor CsSnI$_3$[J]. Chemistry of Materials, 2014, 26 (20): 6068-6072.

[29] Zhang J, Yu C, Wang L, et al. Energy barrier at the N719 dye/CsSnI$_3$ interface for photogenerated holes in dye-sensitized solar cells[J]. Scientific Reports, 2014, 4 (1): 6954.

[30] Xing G, Kumar M H, Chong W K, et al. Solution-processed tin-based perovskite for near-infrared lasing[J]. Advanced Materials, 2016, 28 (37): 8191-8196.

[31] Chung I, Lee B, He J, et al. All-soli-state dye-sensitized solar cells with high efficiency[J]. Nature, 2012, 485 (7399): 486-489.

[32] Chung I, Song J H, Im J, et al. CsSnIs: Semiconductor or metal? High electrical conductivity and strong near-infrared photoluminescence from a single material. High hole mobility and phase -transitions[J]. Journal of the American Chemical Society, 2012, 134 (20): 8579-8587.

[33] Chen Z, Wang J J, Ren Y, et al. Schottky solar cells based on CsSnI$_3$ thin-films[J]. Applied Physics Letters, 2012, 101 (9): 093901.

[34] Hemant K M, Sabba D, Lin L W, et al. Lead-free halide perovskite solar cells with high photocurrents realized through vacancy modulation[]. Advanced Materials, 2014, 26 (41): 7122-7127.

[35] Wang N, Zhou Y, Ju M G, et al. Heterojunction-depleted lead-free perovskite solar cells with coarse-grained B-γ-CsSnI$_3$ thin films[J]. Advanced Energy Materials, 2016, 6 (24): 1601130.

[36] Marshall K P, Walker M, Walton R I, et al. Enhanced stability and efficiency in hole-transport layer-free CsSnI$_3$ perovskite photovoltaics[J]. Nature Energy, 2016, 1: 16178.

[37] Chen L J, Lee C R, Chuang Y J, et al. Synthes is and optical properties of lead-free cesiumtin halide perovskite quantum rods with high-performance solar cell application[J]. J Phys Chem Lett, 2016, 7 (24): 5028-5035.

[38] Moghe D, Wang L, Traverse C J, et al. All vapordeposited lead-free doped CsSnBr$_3$ planar solar cells[J]. Nano Energy, 2016, 28 (0): 469-474.

[39] Gupta S, Bendikov T, Hode$_3$ G, et al. CsSnBr$_3$, a lead-free halide perovskite for long-term solar cell application: Insights on SnF$_2$ addition[J]. ACS Energy Letters, 2016, 1 (5): 1028-1033.

[40] Song T B, Yokoyama T, Stoumpos C C, et al. Importance of reducing vapor atmosphere in the fabrication of tin-based perovskite solar cells[J]. Journal of the American Chemical Society, 2017, 139 (2): 836-842.

[41] Sabba D, Mulmudi H K, Prabhakar R R, et al. Impact of anionic Br⁻substitution on open circuit voltage in lead free perovskite ($CsSn_{3-x}Br_x$) solar cells[J]. The Journal of Physical Chemistry C, 2015, 119 (4): 1763-1767.

[42] Li W, Li J, Li J, et al. Addictive-Assisted construction of all-inorganic $CsSnIBr_2$ mesoscopic perovskite solar cells with superior thermal stability up to 473 K[J]. Journal of Materials Chemistry A, 2016, 4 (43): 17104-17110.

[43] Stoumpos C C, Frazer L, Clark D J, et al. Hybrid germanium iodide perovskite semiconductors: Active lone pairs, structural distortions, direct and indirect energy gaps, and strong nonlinear optical properties[J]. Journal of the American Chemical Society, 2015, 137 (21): 6804-6819.

[44] Krishnamoorthy T, Ding H, Yan C, et al. Lead-free germanium iodide perovskite materials for photovoltaic applications[J]. Journal of Materials Chemistry A, 2015, 3 (47): 23829-23832.

[45] Cai Y, Xie W, Ding H, et al. Computational study of halide perovskite-derived A_2BX_6 inorganic compounds: Chemical trends in electronic structure and structural stability[J]. Chemistry of Materials, 2017, 29 (18): 7740-7749.

[46] Maughan A E, Ganose A M, Bordelon M M, et al. Defect tolerance to intolerance in the vacancy-ordered double perovskite semiconductors Cs_2SnI_6 and Cs_2TeI_6[J]. Journal of the American Chemical Society, 2016, 138 (27): 8453-8464.

[47] Lee B, Stoumpos C C, Zhou N, et al. Air-stable molecular semiconducting iodosalts for solar cell applications: Cs_2SnI_6 as a hole conductor[J]. Journal of the American Chemical Society, 2014, 136 (43): 15379-15385.

[48] Qiu X, Cao B, Yuan S, et al. From unstable $CsSnI_3$ to air-stable Cs_2SnI_6: A lead-free perovskite solar cell light absorber with bandgap of 1.48 eV and high absorption coefficient[J]. Solar Energy Materials and Solar Cells, 2017, 159: 227-234.

[49] Qiu X, Jiang Y, Zhang H, et al. Lead-free mesoscopic Cs_2SnI_6 perovskite solar cells using different nanostructured ZNO nanorods as electron transport layers[J]. Physica Status Solidi (RRL)-Rapid Research Letters, 2016, 10 (8): 587-591.

[50] Lee B, Krenselewski A, Baik S I, et al. Solution processing of air-stable molecular semiconducting iodosalts, $Cs_2SnI_{6-x}Br_x$, for potential solar cell applications[J]. Sustainable Energy & Fuels, 2017, 1 (4): 710-724.

[51] Hoefler S F, Trimmel G, Rath T. Progress on lead-free metal halide perovskites for photovoltaic applications: A review[J]. Monatshefte für Chemie-Chemical Monthly, 2017, 148 (5): 795-826.

[52] Park B W, Philippe B, Zhang X, et al. Bismuth based hybrid perovskites $A_3B_2I_9$ (A: Methylammonium or cesium) for solar cell application[J]. Advanced Materials, 2015, 27 (43): 6806-6813.

[53] Johansson M B, Zhu H, Johansson E M J. Extended photo-conversion spectrum in low-toxic bismuth halide perovskite solar cells[J]. The Journal of Physical Chemistry Letters, 2016, 7 (17): 3467-3471.

[54] Chai W X, Wu L M, Li J Q, et al. Silver iodobismuthates: Syntheses, structures, properties, and theoretic al studies of $[Bi_2Ag_2I_{10}^2]_n$ and $[Bi_4Ag_2I_{16}^2]_n$ [J]. Inorganic Chemistry, 2007, 46 (4): 1042-1044.

[55] Chai W X, Wu L M, Li J Q, et al. A series of new copper iodobismuthates: Structural relationships, optical band gaps affected by dimensionality, and distinct thermal stabilties[J]. Inorganic Chemistry, 2007, 46 (21): 8698-8704.

[56] Kim Y, Yang Z, Jain A, et al. Pure cubic-phase hybrid iodobismuthates $AgBi_2I_7$ for thin-film photovoltaics[J]. Ange wandte Chemie International Edition, 2016, 55 (33): 9586-9590.

[57] Saparov B, Hong F, Sun J P, et al. Thin-film preparation and characterization of $CsSb_2I_9$: A lead-free layered perovskite semiconductor[J]. Chemistry of Materials, 2015, 27 (16): 5622-5632.

[58] Harikesh P C, Mulmudih K, Ghosh B, et al. Rb as an alternative cation for templating inorganic lead-free perovskites for solution processed photovoltaics[J]. Chemistry of Materials, 2016, 28 (20): 7496-7504.

[59] Giustino F, Snaith H J. Toward lead-free perovskite solar cells[J]. ACS Energy Letters, 2016, 1 (6): 1233-1240.

[60] Slavney A H, Hu T, Lindenberg A M, et al. A bismuth-halide double perovskite with long carrier recombinat ion lifetime for photovoltaic applications[J]. Journal of the American Chemical Society, 2016, 138 (7): 2138-2141.

[61] Volonakis G, Filip M R, Haghighirad A A, et al. Lead-free halide double perovskites via heterovalent substitution of noble metals[J]. The Journal of Physical Chemistry Letters, 2016, 7 (7): 1254-1259.

[62] McClure E T, Ball M R, Windl W, et al. Cs_2AgBiX (X = Br, Cl): New visible light absorbing, lead-free halide perovskite semiconductors[J]. Chemistry of Materials, 2016, 28 (5): 1348-1354.

[63] Filip M R, Hillman S, Haghighirad A A, et al. Band gaps of the lead-free halide double perovskites $Cs_2BiAgCl_6$ and $Cs_2BiAgBr_6$ from theory and experiment[J]. The Journal of Physical Chemistry Letters, 2016, 7 (13): 2579-2585.

[64] Du K Z, Meng W, Wang X, et al. Bandgap engineering of lead-free double perovskite $Cs_2AgBiBr_6$ through trivalent metal alloying[J]. Angewandte Chemie International Edition, 2017, 56 (28): 8158-8162.

[65] Greul E, Petrus M, Binek A, et al. Highly stable, phase pure $Cs_2AgBiBr_6$ double perovskite thin films for optoelectronic applications[J]. Journal of Materials Chemistry A, 2017, 5 (37): 19972-19981.

[66] Zhao Y, Nardes A M, Zhu K. Effective hole extraction using MoO_x-Al contact in perovskite $CH_3NH_3PbI_2$ solar cells [J]. Applied Physics Letters, 2014, 104: 213906.

[67] Yan W, Li Y, Li Y, et al. High-performance hybrid perovskite solar cells with open circuit

voltage dependence on hole-transporting materials [J]. Nano Energy, 2015, 16: 428-437.

[68] Bi D, Yang L, Boschloo G, et al. Effect of different hole transport materials on recombination in $CH_2NH_3PbI_3$ perovskite-sensitized mesoscopic solar cells [J]. Journal of Physical Chemistry Letters, 2013, 4: 1532-1536.

[69] Chen S, Hou Y, Chen H, et al. Exploring the limiting open-circuit voltage and the voltage loss mechanism in planar $CH_2NH_2PbBr_3$ perovskite solar cells. Adv Energy Mater, 2016, 6: 1600132.

[70] Ryu S, Noh J H, Jeon N J, et al. Voltage output offficient perovskite solar cells with high open-circuit voltage and fill factor. Energy & Environmental Science, 2014, 7: 2614-2618.

[71] Christians J A, Fung R C M, Kamat P V. An inorganic hole conductor for organo-lead halide perovskite solar cells. Improved hole conductivity with copper lodide [J]. Journal of the American Chemical Society, 2014, 136: 758-764.

[72] Bakr Z H, Wali Q, Fakharuddin A, et al. Advances in hole transport materials engineering for stable and efficient perovskite solar cells [J]. Nano Energy, 2017, 34: 271-305.

[73] Burschka J, Dualeh A, Kessler F, et al. Tris (2- (1H-pyrazol-1-yl) pyridine) cobalt (Ⅲ) as p-type dopant for organic semiconductors and its application in highly efficient solid-state dye-sensitized solar cells. Journal of the American Chemical Society, 2011, 133: 18042-18045.

[74] Xue Q, Sun C, Hu Z, et al. Recent advances in perovskite solar cells: Morphology control and interfacial engineering. Acta Chim Sin, 2015, 73 (3): 179-192.

[75] Leijtens T, Lim J, Teuscher J, et al. Charge density dependent mobility of organic hole-transporters and mesoporous TiO_2 determined by transient mobility spectroscopy: Implications to dye-sensitized and organic solar cells. Advanced Materials, 2013, 25: 3227-3233.

[76] Kwon Y S, Lim J, Yun H J, et al. A diketopytrolopyrrole-containing hole transporting conjugated polymer for use in efficient stable organic inorganic hybrid solar cells based on a perovskite [J]. Energy & Environmental Science, 2014, 7: 1454-1460.

[77] Nguyen W H, Bailie C D, Unger E L, et al. Enhancing the hole-conductivity of Spiro-OMeTAD without oxygen or lithium salts by using Spiro(TFSI)$_2$ in perovskite and dye-sensitized solar cells [J]. Journal of the American Chemical Society, 2014, 136: 10996-11001.

[78] Chueh C C, Li C Z, Jen A K Y. Recent progress and perspective in solution-processed interfacial materials for efficient and stable polymer and organometal perovskite solar cells. Energy Environ Sci, 2015, 8 (4): 1160-1189.

[79] Malinkiewicz O, Yella A, Lee Y H, et al. Perovskite solar cells employing organic charge-transport layers. Nat Photonics, 2013, 8 (2): 128-132.

[80] Zhao D, Sexton M, Park H Y, et al. High-efficiency solution-processed planar perovskite solar cells with a polymer hole transport layer. Adv Energy Mater, 2015, 5 (6): 1401855.

[81] Jeon N J, Na H, Jung E H, et al. A fluorene-terminated hole-transporting material for highly efficient and stable perovskite solar cells. Nat Energy, 2018, 3 (8): 682-689.

[82] Park J H, Seo J, Park S, et al. Efficient $CH_3NH_3PbI_3$ perovskite solar cells employing nanostructured p-type NiO electrode formed by a pulsed laser deposition. Adv Mater, 2015, 27 (27): 4013-4019.

[83] Kim J H, Liang P W, Williams S T, et al. High-performance and environmentally stable planar heterojunction perovskite solar cells based on a solution-processed copper-doped nickel oxide hole-transporting layer. Adv Mater, 2015, 27 (4): 695-701.

[84] Subbiah A S, Halder A, Ghosh S, et al. Inorganic hole conducting layers for perovskite-based solar cells. J Phys Chem Lett, 2014, 5 (10): 1748-1753.

[85] Christians J A, Fung R C, Kamat P V. An inorganic hole conductor for organo-lead halide perovskite solar cells. Improved hole conductivity with copper iodide. J Am Chem Soc, 2014, 136 (2): 758-764.

[86] Sepalage G A, Meyer S, Pascoe A, et al. Copper (I) iodide as hole-conductor in planar perovskite solar cells: probing the origin of J-V hysteresis. Adv Funct Mater, 2015, 25 (35): 5650-5661.

[87] Arora N, Dar M I, Hinderhofer A, et al. Perovskite solar cells with CuSCN hole extraction layers yield stabilized efficiencies greater than 20%. Science, 2017, 358: 768-771.

[88] Kojima A, Teshima K, Shirai Y, et al. Organometal halide perovskites as visible-light sensitizers for photovoltaic cells [J]. Journal of the American Chemical Society, 2009, 131 (17): 6050-6051.

[89] 武其亮. 钙钛矿太阳能电池界面层材料及钙钛矿层形貌调控的研究 [D]. 合肥: 中国科学技术大学, 2016.

[90] Yan W, Ye S, Li Y, et al. Hole‐transporting materials in inverted planar perovskite solar cells[J]. Advanced Energy Materials, 2016, 6 (17): 1600474.

[91] Liu M, Johnston M B, Snaith H J. Efficient planar heterojunction perovskite solar cells by vapour deposition[J]. Nature, 2013, 501 (7467): 395-398.

[92] Ma Q, Huang S, Wen X, et al. Hole transport layer free inorganic CsPbIBr$_2$ perovskite solar cell by dual source thermal evaporation[J]. Advanced Energy Materials, 2016, 6 (7): 1502202.

[93] Green M A, Ho-Baillie A, Snaith H J. The emergence of perovskite solar cells[J]. Nature Photonics, 2014, 8 (7): 506-514.

[94] Wu Y, Xie F, Chen H, et al. Thermally stable MAPbI$_3$ perovskite solar cells with efficiency of 19.19% and area over 1 cm^2 achieved by additive engineering. Advanced Materials, 2017, 29 (28): 1701073.1.

[95] Lin Y H, Sakai N, Da P, et al. A piperidinium salt stabilizes efficient metal-halide perovskite solar cells [J]. Science, 2020, 369 (6499): 96.

[96] Wang R, Xue J, Wang K L, et al. Constructive molecular configurations for surface-defect passivation of perovskite photovoltaics [J]. Science, 2019, 366 (6472): 1509.

[97] Yu J C, Badgujar S, Jung E D, et al. Highly efficient and stable inverted perovskite solar cell obtained via treatment by semiconducting chemical additive [J]. Advanced Materials, 2019, 31 (6): 1805554.

[98] Wang L, Zhou H, Hu J, et al. A Eu^{3+}-Eu^{2+} ion redox shuttle imparts operational durability to Pb-I perovskite solar cells [J]. Science, 2019, 363 (6424): 265.

[99] Li N, Tao S, Chen Y, et al. Cation and anion immobilization through chemical bonding en-

hancement with fluorides for stable halide perovskite solar cells [J]. Nature Energy, 2019, 4 (5): 408-415.

[100] Liu Z, Deng K, Zhu Y, et al. Iodine Induced PbI₂ porous morphology manipulation for high-performance planar perovskite solar cells [J]. Solar RRL, 2018, 2 (12): 1800230.

[101] Zhao Y, Li Q, Zhou W, et al. Double-side-passivated perovskite solar cells with ultra-low potential loss [J]. Solar RRL, 2019, 3 (2): 1800296.

[102] Im J H, Kim H S, Park N G. Morphology-photovoltaic property correlation in perovskite solar cells: One-step versus two-step deposition of CH₃NH₃PbI₃ [J]. APL Materials, 2014, 2 (8): 081510.

[103] Im J H, Jang I H, Pellet N, et al. Growth of CH₃NH₃PbI₃ cuboids with controlled size for high-efficiency perovskite solar cells [J]. Nature Nanotechnology, 2014, 9 (11): 927-932.

[104] Stranks S D, Eperon G E, Grancini G, et al. Electron-hole diffusion lengths exceeding 1 micrometer in an organometal trihalide perovskite absorber [J]. Science, 2013, 342 (6156): 341.

[105] Ma Y, Zheng L, Chung Y H, et al. A highly efficient mesoscopic solar cell based on CH₃NH₃PbI₃₋ₓClₓ fabricated via sequential solution deposition [J]. Chemical Communications, 2014, 50 (83): 12458-12461.

[106] Jiang Q, Chu Z, Wang P, et al. Planar-structure perovskite solar cells with efficiency beyond 21% [J]. Advanced Materials, 2017, 29 (46): 1703852.

[107] Kearney K, Seo G, Matsushima T, et al. Computational analysis of the interplay between deep level traps and perovskite solar cell efficiency [J]. Journal of the American Chemical Society, 2018, 140 (46): 15655-15660.

[108] Xiao M, Huang F, Huang W, et al. A fast deposition-crystallization procedure for highly efficient lead iodide perovskite thin-film solar cells [J]. Angewandte Chemie International Edition, 2014, 53 (37): 9898-9903.

[109] Jeon N J, Noh J H, Kim Y C, et al. Solvent engineering for high-performance inorganic-organic hybrid perovskite solar cells [J]. Nature Materials, 2014, 13 (9): 897-903.

[110] Zhang M, Wang Z, Zhou B, et al. Green anti-solvent processed planar perovskite solar cells with efficiency beyond 19% [J]. Solar RRL, 2018, 2 (2): 1700213.

[111] Wu Y, Islam A, Yang X, et al. Retarding the crystallization of PbI₂ for highly reproducible planar-structured perovskite solar cells via sequential deposition [J]. Energy & Environmental Science, 2014, 7 (9): 2934-2938.

[112] Liu M, Johnston M B, Snaith H J. Efficient planar heterojunction perovskite solar cells by vapour deposition [J]. Nature, 2013, 501 (7467): 395-398.

[113] Ball J M, Buizza L, Sansom H C, et al. Dual-source coevaporation of low-bandgap FA₁₋ₓCsₓSn₁₋ᵧPbᵧI₃ perovskites for photovoltaics [J]. ACS Energy Letters, 2019, 4 (11): 2748-2756.

[114] Chen Q, Zhou H, Hong Z, et al. Planar heterojunction perovskite solar cells via vapor-assisted solution process [J]. Journal of the American Chemical Society, 2014, 136 (2): 622-625.

[115] Xiao S, Bai Y, Meng X, et al. Unveiling a key intermediate in solvent vapor postannealing to enlarge crystalline domains of organometal halide perovskite films [J]. Advanced Functional Materials, 2017, 27 (12): 1604944.

[116] Pathak S K, Abate A, Ruckdeschel P, et al. Performance and stability enhancement of dye-sensitized and perovskite solar cells by Al doping of TiO_2 [J]. Advanced Functional Materials, 2014, 24 (38): 6046-6055.

[117] Shi X, Ding Y, Zhou S, et al. Enhanced interfacial binding and electron extraction using boron-doped TiO_2 for highly efficient hysteresis-free perovskite solar cells [J]. Advanced Science, 2019, 6 (21): 1901213.

[118] Tan H, Jain A, Voznyy O, et al. Efficient and stable solution-processed planar perovskite solar cells via contact passivation [J]. Science, 2017, 355 (6326): 722.

[119] Xiong L, Qin M, Chen C, et al. Fully high-temperature-processed SnO_2 as blocking layer and scaffold for efficient, stable, and hysteresis-free mesoporous perovskite solar cells [J]. Advanced Functional Materials, 2018, 28 (10): 1706276.

[120] Huang X, Du J, Guo X, et al. Polyelectrolyte-doped SnO_2 as a tunable electron transport layer for high-efficiency and stable perovskite solar cells [J]. Solar RRL, 2020, 4 (1): 1900336.

[121] Guo Q, Wu J, Yang Y, et al. High-performance and hysteresis-free perovskite solar cells based on rare-earth-doped SnO_2 mesoporous scaffold [J]. Research, 2019 (1): 378-390.

[122] Shao Y, Xiao Z, Bi C, et al. Origin and elimination of photocurrent hysteresis by fullerene passivation in $CH_3NH_3PbI_3$ planar heterojunction solar cells. Nature Communications, 2014, 5 (1): 5784.

[123] Yang D, Zhang X, Wang K, et al. Stable efficiency exceeding 20.6% for inverted perovskite solar cells through polymer-optimized PCBM electron-transport layers [J]. Nano Letters, 2019, 19 (5): 3313-3320.

[124] Fang R, Wu S, Chen W, et al. [6, 6]-phenyl-C_{61}-butyric acid methyl ester/cerium oxide bilayer structure as efficient and stable electron transport layer for inverted perovskite solar cells [J]. ACS Nano, 2018, 12 (3): 2403-2414.

[125] Jiang K, Wu F, Zhang G, et al. Efficient perovskite solar cells based on dopant-free Spiro-OMeTAD processed with halogen-free green solvent [J]. Solar RRL, 2019, 3 (5): 1900061.

[126] Jeon I, Ueno H, Seo S, et al. Lithium-ion endohedral fullerene ($Li^+@C_{60}$) dopants in stable perovskite solar cells induce instant doping and anti-oxidation [J]. Angewandte Chemie International Edition, 2018, 57 (17): 4607-4611.

[127] Luo J, Xia J, Yang H, et al. Toward high-efficiency, hysteresis-less, stable perovskite solar cells: unusual doping of a hole-transporting material using a fluorine-containing hydrophobic Lewis acid [J]. Energy & Environmental Science, 2018, 11 (8): 2035-2045.

[128] Zhang W, Bi X, Zhao X, et al. Isopropanol-treated PEDOT: PSS as electron transport layer in polymer solar cells [J]. Organic Electronics, 2014, 15 (12): 3445-3451.

[129] Zhang B, Su J, Guo X, et al. NiO/perovskite heterojunction contact engineering for highly efficient and stable perovskite solar cells [J]. Advanced Science, 2020, 7 (11): 1903044.

[130] Xie Y, Lu K, Duan J, et al. Enhancing photovoltaic performance of inverted planar perovskite solar cells by cobalt-doped nickel oxide hole transport layer [J]. ACS Applied Materials & Interfaces, 2018, 10 (16): 14153-14159.

[131] Ti D, Gao K, Zhang Z P, et al. Conjugated polymers as hole transporting materials for solar cells [J]. Chinese Journal of Polymer Science, 2020, 38 (5): 449-458.

[132] Wu S, Chen R, Zhang S, et al. A chemically inert bismuth interlayer enhances long-term stability of inverted perovskite solar cells. Nature Communications, 2019, 10 (1): 1161.

[133] Jiang Q, Zhao Y, Zhang X, et al. Surface passivation of perovskite film for efficient solar cells [J]. Nature Photonics, 2019, 13 (7): 460-466.

[134] Liang L, Luo H, Hu J, et al. Efficient perovskite solar cells by reducing interface-mediated recombination: a bulky amine approach [J]. Advanced Energy Materials, 2020, 10 (14): 2000197.

[135] Wu S, Zhang J, Li Z, et al. Modulation of defects and interfaces through alkylammonium interlayer for efficient inverted perovskite solar cells [J]. Joule, 2020, 4 (6): 1248-1262.

[136] Kim M, Kim G H, Lee T K, et al. Methylammonium chloride induces intermediate phase stabilization for efficient perovskite solar cells [J]. Joule, 2019, 3 (9): 2179-2192.

[137] Wang Q, Shao Y, Dong Q, et al. Large fill-factor bilayer iodine perovskite solar cells fabricated by a low-temperature solution-process [J]. Energy & Environmental Science, 2014, 7 (7): 2359-2365.

[138] Chen W, Xu L, Feng X, et al. Metal acetylacetonate series in interface engineering for full low-temperature-processed, high-performance, and stable planar perovskite solar cells with conversion efficiency over 16% on 1 cm^2 scale [J]. Advanced Materials, 2017, 29 (16): 1603923.

[139] Yue S, Liu K, Xu R, et al. Efficacious engineering on charge extraction for realizing highly efficient perovskite solar cells [J]. Energy & Environmental Science, 2017, 10 (12): 2570-2578.

[140] Yang D, Yang R, Wang K, et al. High efficiency planar-type perovskite solar cells with negligible hysteresis using EDTA-complexed SnO_2 [J]. Nature Communications, 2018, 9 (1): 3239.

第 3 章

钙钛矿发光材料与器件

3.1 钙钛矿材料结构与制备方法

3.1.1 金属卤化物钙钛矿纳米晶简介

金属卤化物钙钛矿的激子结合能较小，容易解离成自由载流子，这种特性利于制备高效率光伏器件，但是不利于电致发光器件。这是因为自由载流子双分子辐射复合速率较慢，在低电荷载流子密度下，很容易被非辐射的缺陷复合中心捕获发生单分子缺陷辅助非辐射复合。利用尺寸效应，可以有效增强钙钛矿纳米晶的激子结合能和一阶激子辐射复合过程，提高辐射复合的复合效率。

金属卤化物钙钛矿纳米晶是指当三维钙钛矿晶体在某一方向上的尺度位于纳米尺度，在已有的文献报道中，对于钙钛矿纳米晶的定义十分宽泛，尺寸从数纳米到数十纳米都被称为钙钛矿纳米晶，其按照形貌可分为量子点、纳米线、纳米棒、纳米片、纳米板[1-3]。与三维块体金属卤化物钙钛矿相似，其基本晶体结构遵循 ABX$_3$ 型，但晶体周围通常包覆着大量的有机配体。如图 3-1 所示，金属卤化物钙钛矿纳米晶的能带可以通过控制组分来进行简便的调节，从而实现整个可见光谱范围内的发射。由于金属卤化物钙钛矿纳米晶具有和低维钙钛矿相似的量子限域效应，因此钙钛矿纳米晶可以通过调节尺寸来调节禁带宽度和发光波长，如图 3-1（c），一般来说，钙钛矿纳米晶随着尺寸的减小，禁带宽度会增大，发光波长发生蓝移，其禁带宽度可通过本征三维钙钛矿材料的禁带宽度和纳米晶的尺寸来计算得到：

$$E_g^{2D} = E_g^{3D} + \frac{h^2\pi^2}{2mr^2} + E_b \qquad (3\text{-}1)$$

式中，E_g^{2D} 和 E_g^{3D} 分别为对应的 2D 和 3D 钙钛矿的带隙；r 为纳米晶的尺寸；h 为简化的普朗克常量；m 为激子有效质量；E_b 为激子结合能。

其极强的量子限域效应使得在纳米晶内部产生激子，因此纳米晶的 PLQY 一般较高，故其是实现高性能 LED 的理想材料。

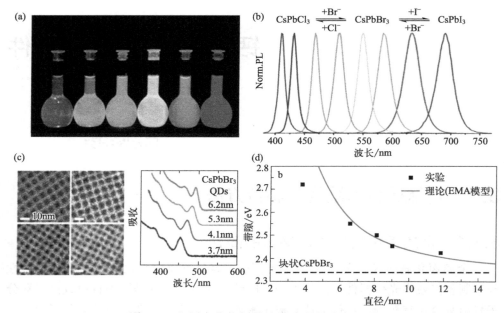

图 3-1　金属卤化物钙钛矿纳米晶的光色调节

（a）不同颜色金属卤化物纳米晶的发光照片；（b）金属卤化物钙钛矿纳米晶的 PL 光谱与 X 位卤素离子的组分关系[4]；（c）金属卤化物钙钛矿纳米晶的 PL 光谱与尺寸的关系[5]；

（d）金属卤化物钙钛矿纳米晶的带隙与尺寸的理论计算结果[6]

3.1.2　金属卤化物钙钛矿纳米晶的制备方法

1997 年，研究人员开始了对金属卤化物钙钛矿发光性能方面的研究。最初使用退火的方法来制备金属卤化物钙钛矿纳米晶，然而得到的纳米晶颗粒尺寸分布均匀性和发光性能都非常差。考虑到金属卤化物钙钛矿高度的离子性，钙钛矿纳米晶可以在较低的温度下在几秒内迅速形成。因此，研究人员借鉴传统量子点的合成方法开发出了包括热注入法、室温配体辅助再结晶法、微波辅助合成法、配体辅助超声合成法、模板法、破乳法、微流控法等在内的多种制备纳米晶的方法，这些方法为制备不同类型的钙钛矿纳米晶开辟了道路。

（1）室温配体辅助再沉淀法合成纳米晶

室温配体辅助再沉淀法的基本过程为：首先将利用极性溶剂如 N,N- 二甲基甲酰胺（DMF）或二甲基亚砜（DMSO）溶解钙钛矿的前驱体盐例如 CsX、PbX$_2$ 等制备出钙钛矿的前驱体溶液，随后将前驱体溶液滴加在非极性溶剂中（甲苯、乙酸乙酯）。利用前驱体盐在两种溶剂中溶解度的差异引起盐的过饱和现象，诱导钙钛矿纳米晶的形核生长，这种方法不需加热，制备过程简单，可批量化制备，目前被研究人员广泛研究。

这种方法的前身为 2014 年 Schmidt 等人[7] 报道的工作，首先将前驱体盐溶解在含有长烷基烃的有机胺阳离子、烷基溴和烷基胺的极性溶剂中形成稳定的胶体溶液，随后室温下将前驱体溶液加到非极性溶剂中，利用不同溶剂中溶解度的差异导致在溶液里面形成了离散纳米晶体。纳米晶的溶液和纳米晶薄膜都可以在可见光谱范围内实现窄 FWHM 发射，且具有较高的 PLQY（约 20%）。

如图 3-2 所示，2015 年，Zhang 等人[8] 优化了这种配体辅助再沉淀的方法，其通过改变合成过程中使用的纳米晶的表面稳定配体实现了纳米晶的尺寸和形貌的调节。形貌和尺寸的变化可以对 CH$_3$NH$_3$PbX$_3$ 纳米晶发光性能进行简便的调控，结果表明，当纳米晶合成过程中不存在长链有机配体时，得到了微米尺寸的钙钛矿纳米晶，且 PLQY 低于 0.1%。而当合成过程中使用正辛胺、油酸等短链有机配体时，制备了纳米尺寸的钙钛矿纳米晶产物，PLQY 可以达到 70%。

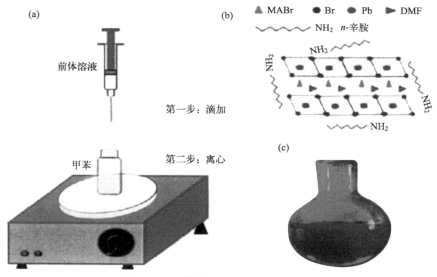

图 3-2　配体辅助再沉淀法的优化[8]

（a）室温配体辅助再沉淀工艺示意图；（b）钙钛矿结构示意图；（c）纳米晶溶液溶解在甲苯中的照片

随后，Li 等人[9] 进一步开发了这种方法，基于"海水晒盐"的原理，如图 3-3 所示，基于过饱和重结晶的原理设计了实验。通过将 CsX 和 PbX$_2$ 溶解在 DMF 中形成前驱体溶液，随后将其滴加在甲苯中，对于铅盐和铯盐来说，DMF 这种溶剂由于可以完全溶解铅盐和铯盐并且它们在 DMF 中以离子的形式存在，因此 DMF 是一种良溶剂。而甲苯对二者的溶解度非常低，其主要作为抗溶剂的角色，所以当前驱体溶液滴加在甲苯中的一瞬间达到过饱和状态，此时铅和铯盐会迅速析出并且反应生成钙钛矿，利用过饱和度的差异，在室温下该反应只需几秒便可以完成，并且不受外界气氛的影响，避免了复杂的惰性气体保护过程。

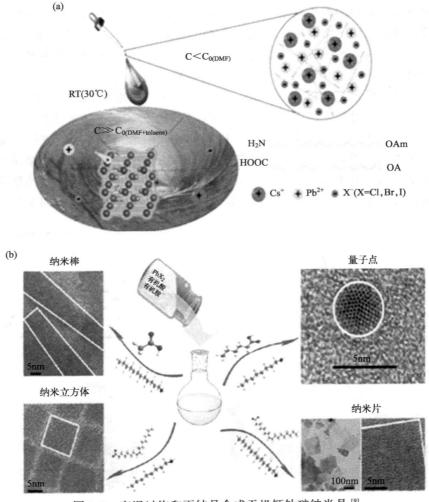

图 3-3　室温过饱和再结晶合成无机钙钛矿纳米晶[9]

（a）合成原理示意图；（b）通过使用不同的有机酸、胺配体制备不同形貌的纳米晶

最终制备出了红色、绿色和蓝色的钙钛矿纳米晶，对应的 PLQY 分别为 80%、95%，70%，半峰宽分别为 35nm、20nm 和 18nm。基于这种方法制备的纳米晶的优良的光学性能，将其应用于白光发射的光致发光二极管，其可以通过调节不同颜色纳米晶的比例来调节二极管的色温和色域，这也证明了在照明和显示行业中的前景。Sun 等人[10]基于这种方法，通过在反应过程中改变使用有机配体的链长，对钙钛矿纳米晶进行了形貌的调控。在合成中使用正己酸和辛胺会得到球形纳米晶；用油酸和十二烷胺制备了纳米晶立方体；使用醋酸和十二烷胺为有机配体制备出纳米棒，用油酸和辛胺制备出了纳米片或者纳米板，且其 PLOY 可达 80%。

由于传统的室温配体辅助再结晶方法中使用的极性溶剂，例如 DMF、DMSO 等会残留在产物纳米晶中，从而严重影响了纳米晶的稳定性。因此，如图 3-4 所示，Huang 等人[11]通过将合成过程中的极性溶剂更换为非极性溶剂甲苯、油酸等，在外界环境和无需惰性气氛或者加热的条件下，通过简单的前驱体 - 配体配合物的混合过程诱导非极性有机介质中的自发结晶过程，从而制备出钙钛矿纳米晶。通过改变一价（FA^+ 和 Cs^+）与二价（Pb^{2+}）阳离子配体配合物的比例，可以简便地控制纳米晶的形貌由纳米立方体变为纳米片。

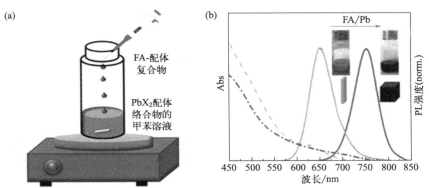

图 3-4 基于非极性溶剂的室温过饱和再结晶合成无机钙钛矿纳米晶[11]

（a）制备方法示意图；（b）制备的不同形貌纳米晶的 PL 光谱

（2）热注入法合成纳米晶

热注入法起源于传统的 Ⅱ - Ⅵ族纳米晶的合成工艺，在溶剂环境中，通过在加热和惰性气氛下，将制备好的其中一种前驱体溶液快速注入另一种前驱体溶液中，在含有配体等表面活性剂的作用下生长出分散性良好、分布均匀的纳米晶，这种方法目前是合成半导体胶体纳米晶最常用的方法。这种方法需要选择多种合适的前驱体溶液从而保证能够稳定地合成半导体纳米晶，此外也需要选用合适的表面配体作为表面钝化剂和稳定剂，防止合成的半导体纳米晶团聚，通过对反应过程中的反应温度和前驱体浓度等条件进行调节，从而实现对纳米晶的形貌和尺寸的调节。1993 年，M.G.Bawend 利用热注入法合成出单分散的纳米晶[12]，是纳米晶发展史上具有里程碑意义的时刻。在热注入方法中，表面配体的种类、反应时间、反应温度、前驱体浓度和比例影响着最终产物的分散性和均一性。

2015 年，Kovalenko 课题组[6]首先报道了一种热注入的方法来制备单分散的全无机 CsPbX₃ 纳米晶（图 3-5），在整个钙钛矿纳米晶发展史上画上了浓墨重彩的一笔。其 CsPbX₃ 纳米晶的形貌为均匀且单分散的正方形，尺寸约为 4 ～ 15nm，通过改变合成条件，控制纳米晶产物的尺寸以及卤素比例，实现了在 410 ～ 700nm 范围对发光光谱和禁带宽度的简便调节。此外，这种方法制备出的纳米晶的 PL 光谱的 FWHM 为 12 ～ 42nm，其 CIE 坐标所构成的色域显示范围可以覆盖高达 140% 的 NTSC 标准，纳米晶的 PLQY 的最高值超过 90%，纳米晶载流子的寿命为 1 ～ 24ns。此外，热注入方法制备出了具有优异光学性能和化学稳定性的 CsPbX₃ 的纳米晶，其中，蓝绿色发光的纳米晶（410 ～ 530nm）在未包覆表面壳层的情况下即表现出高的光吸收性能和极好的稳定性，而传统的 Ⅱ ～ Ⅵ 或 Ⅲ ～ Ⅴ 族的蓝绿发光的纳米晶易发生光照下的降解，稳定性较差。因此，这种 CsPbX₃ 纳米晶在显示和照明领域展现出了非凡的潜力。

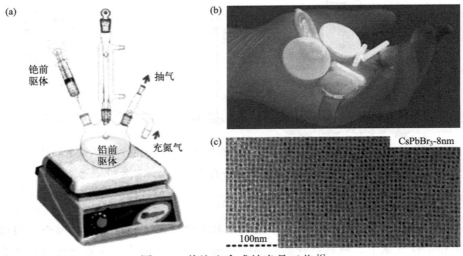

图 3-5　热注入合成纳米晶工艺[6]

（a）设备示意图；（b）纳米晶产物的光学照片；（c）纳米晶产物的 TEM 图像

然而，这种方法制备的纳米晶的形貌均为正方形，只通过简单调节反应参数无法对纳米晶的形貌和尺寸进行可控调节，所以研究人员在不断提高其光电性能的同时，也在不断对卤化铅钙钛矿纳米晶形貌控制进行探索。然而，由于这种方法使用 PbX_2 作为 Pb 源和卤素源，因此卤化物的增加必须伴随着 Pb 的增加，即 Pb 与卤素的比例始终为 1 : 2，无法精确地调整 Pb 与卤素的比例，这种方法无法达到富卤化物的反应环境。Wei 等人[13]克服了这种"双源法"带来的问题，他们提出了另一种制备纳米晶的方法，被称为"三源法"。首先分别将含有 Cs^+ 和 Pb^{2+} 的阳离子盐溶解在脂肪酸中制备成前驱体溶液，随后在惰性气体和高温下快速注入卤素前驱体，常用的为卤化烷基铵盐。这种方法使用的卤化物前驱体和金属阳离子前驱体是用不同的化学物质制备的，因此这种方法可以对 Pb 和卤素的比例进行精确的调节，从而使反应环境处于理想的化学元素计量比，有助于提高制备的钙钛矿纳米晶的质量。

　　通过改变热注入过程中的反应参数和反应条件，可以对纳米晶最终产物的形貌和光学性质进行简便的调控。Yehoadav 等人[14]通过固定反应过程中的配体为油胺、油酸，通过改变热注入合成过程中的注入温度，实现了对钙钛矿纳米晶产物的形貌调控，如图 3-6 所示，反应温度为 150℃时，形成的是立方体形各向同性的纳米晶；反应温度为 130℃时，纳米晶倾向于各向异性生长形成纳米片；反应温度为 90℃时，纳米晶倾向于各向异性生长形成层状结构的横向尺寸约为 $200 \sim 300nm$ 的超薄纳米片。此外，针对热注入过程中使用的油胺、油酸配体的比例，Liang 等人[15]通过在 90℃的反应温度下，实现了对 $CsPbBr_3$ 纳米晶不同形貌的调控，研究表明，当油酸：油胺 =0.6 : 0.3 时，生成的是形态学上零维的单分散的圆形的纳米晶，尺寸约为 2.4nm；当油酸：油胺 =0.3 : 0.7 时，生成的是层状结构的纳米晶，其为有机结构组成模板，零维圆形纳米晶镶嵌其中；当油酸：油胺 =0.5 : 0.5 时，钙钛矿纳米线呈现出各向异性的生长趋势并形成了面对面堆叠的纳米板结构；当油酸：油胺 =0.8 : 0.2 时，钙钛矿纳米线同样呈现出各向异性的生长趋势，但此时形成的是平躺的横向尺寸较大且较薄的纳米片结构。

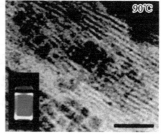

图 3-6

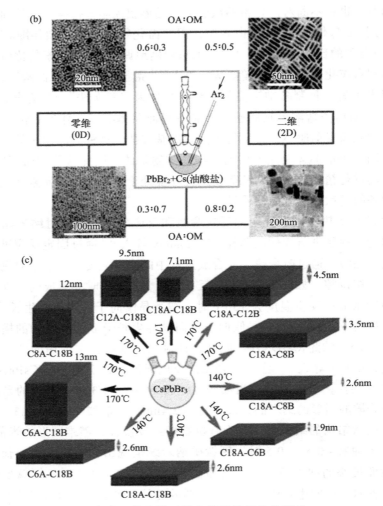

图 3-6　合成工艺条件对纳米晶形状结构的调控

（a）不同合成温度下制备的钙钛矿纳米晶的 TEM 照片[14]；（b）不同油酸油胺配体比例下

制备的纳米晶产物的 TEM 照片[15]；（c）通过不同碳链长度的有机酸和

有机胺制备不同形态的纳米晶[16]

　　Pan 等人[16]研究发现，当固定反应过程中的配体比例以及反应温度，只改变反应过程中使用的有机酸或有机胺的碳链长度，同样也可以实现对纳米晶产物形貌的控制。当在低温条件下反应，固定使用的有机酸的链长，使用的胺的碳链越短，钙钛矿纳米片产物的厚度越薄；在高温反应条件下，固定使用的有机胺的链长，使用的有机酸的碳链越短，反应中形成的纳米立方体尺寸越大；固定使用的有机酸的链长，使用的胺的碳链越短，产物钙钛矿纳米立方体变为钙钛矿纳米片。

3.2　钙钛矿发光材料器件结构与工作原理

3.2.1　电致发光二极管

LED 是一种将外界输入的电子转化为光子的器件，其原理与半导体材料中的光伏效应相反，与早期白炽灯光源（白炽灯是将材料加热到高温而产生的电磁辐射发光）相比，LED 的电光转换效率更高，能量损失更低，并且显示出更长的器件运行寿命。近些年来，随着 LED 行业的发展，其制造工艺不断简化，制造成本逐步降低，其在照明显示领域的比重也不断增加。早在 1907 年，Henry Joseph 等人首次在碳化硅 / 金属肖特基结的材料中观察到电致发光现象，这是人们第一次发现半导体材料中的电光转化性能，这也是真正意义上的第一个 LED 器件。早期，LED 主要结构是基于同质 p-n 结 [17,18]，传统同质结 LED 的结构原理和工作原理如图 3-7（a）所示，qV_D 表示 p-n 结处于热平衡态时载流子耗尽区的势垒高度，当在器件的两端施加正向外加偏压后，此时 p-n 结耗尽区的势垒高度会降低。此时，从 n 型一侧注入的电子和 p 型半导体一侧注入的空穴可以分别越过相应的势垒到达对面的半导体区。其作为少数载流子分别与其中的多子进行辐射复合，并释放出光子，此时外界注入的电能成功地转换为光能。但是，由于在同质结 LED 中使用的是具有相同禁带宽度的 p 型半导体和 n 型半导体，此时释放出的光子会被相应的半导体再次吸收，因此传统同质结 LED 的发光效率普遍不高。目前常用的高效的器件结构为异质 p-n 结结构，是不同材质半导体组成的异质 p-n 结。载流子可以被限制在活性层内，提高了载流子利用率。基于这种机理，后来发展出三明治结构的双异质结 LED（DH LED），如图 3-7（b）所示。在此结构中，具有较窄禁带宽度的半导体材料作为发光层，而在发光层两侧的材料分别为具有较宽禁带宽度的 p 型和 n 型半导体材料，其分别起到空穴传输层（HTL）和电子传输层（ETL）的作用。在 DH LED 的两端施加外加偏压后，宽禁带宽度半导体和窄禁带宽度半导体之间的势垒高度降低，此时电子和空穴可以分别从宽带隙 HTL 和 ETL 到达窄带隙发光层，此时电子空穴对在发光层中发生辐射复合过程，同时释放出光子。由于 DH 结构中较大的 ΔE_C（活性层和 HTL 导带底的能级差）和 ΔE_V（活性层和 ETL 价带顶的能级差）势垒，注入的载流子被限制在活性层。因此，DH 结构可以大幅度提高注入载流子的利用率。目前 PeLED、OLED、QLED 等新型 LED 都采用这种结构 [19-22]。值得注意的是，由于导带中的自由电子服从费米 - 狄拉克分布，少量高能电子不可避免地会逃离势垒 ΔE_C，导致载流子损耗。在这种情况下，为了减少载流子损耗，在选择 n 型半导体材料的 ETL 和 p 型半导体材料的 HTL 时，最好选择较大的 ΔE_C 和 $\Delta E_V^{[23-25]}$。

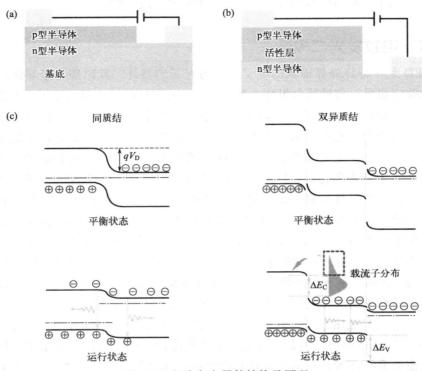

图 3-7   电致发光器件结构及原理

（a）同质 p-n 结；（b）异质双 p-n 结的器件结构；

（c）器件平衡和运行时的能级

3.2.2   钙钛矿发光材料器件

如图 3-8，PeLED 中常用的空穴注入层和传输层主要分为有机和无机两类。常用的有机空穴注入层主要有聚 3,4- 乙烯二氧噻吩、聚苯乙烯磺酸盐（PEDOT：PSS）；而常用的有机空穴传输层主要有聚 [双（4- 苯基）（4- 丁基苯基）胺]（Poly-TPD）、聚 [（9,9- 二辛基芴 -2,7- 二基）- 共 -（4,4′- 的 -（4- 仲丁基苯基）二苯胺）]（TFB）、聚（9- 乙烯基咔唑）（PVK）、聚 [双（4- 苯基）（2,4,6- 三甲基苯基）胺]（PTAA）等 [26]；无机空穴传输层为氧化镍（NiO_x）、氧化亚铜（Cu_2O）、氧化铜（CuO）、氧化钼（MoO_3）等。常用的电子传输层也可分为有机和无机两类。常用的有机电子传输层主要有 1,3,5- 三（卟苯基 -1H- 苯并咪唑 -2- 基）苯（TPBi）、3,3′-[5′-[3-(3- 吡啶基) 苯基][1,1′：3′r- 三联苯]-

3,3″- 二基] 二吡啶（TmPyPb）、4,6- 双 (3,5- 二 -3- 吡啶基苯基)-2- 甲基嘧啶
（B3PyMPM）、2,4,6- 三 [3-(二苯基膦氧基) 苯基]-1,3,5- 三唑 (PO-T2T) 等；
常用的无机电子传输层主要为氧化锌（ZnO）、掺镁氧化锌（ZnMgO）等。常
用的电子注入层通常用于减小电极向传输层注入载流子时的势垒，例如氟化锂
（LiF）、氟化钙（CsF）等低功函材料。

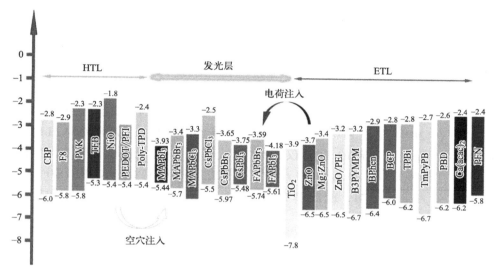

图 3-8　钙钛矿发光器件中常用的 HTL 和 ETL 材料 [26]

　　根据使用的 HTL 和 ETL 种类的不同，在 Bulovic 提出的 CdSe 体系
QLED 的分类基础上，将 PeLED 的结构细分为 4 类，如图 3-9 所示。四种
典型器件结构如下：Type Ⅰ 为无 HTL/ETL 的 PeLED，Type Ⅱ 型为有机聚
合物 / 小分子有机物作为 HTL/ETL 的 PeLED，Type Ⅲ 型为纯无机电荷传输
层的 PeLED，Type Ⅳ 型为有机 / 无机杂化 HTL/ETL 的 PeLED[27]。与传统
的分类方式不同，通常将 Type Ⅰ 型结构定义为有机聚合物作为 ETL/HTL 的
QLED，在这里，我们将同时带有聚合物和有机小分子 ETL 的 PeLED 统一归
为 Type Ⅱ 型结构。

　　关于 Type Ⅰ 型的 PeLED 的报道较少，Li 等人制备了具有 ITO/MAPbBr$_3$-
PEO/In/Ga 的简单结构的器件，表现出较低的 3V 的开启电压和 4064cd/m^2 的高
亮度 [28]。随后，他们通过使用 Ag 纳米线（AgNW）作为电极进一步优化，制
备了 ITO/MAPbBr$_3$/AgNW 结构的器件，实验结果表明，最大 EQE 为 1.1 %，
开启电压为 2.6V，亮度为 21014cd/m$^{2[29]}$。Type Ⅱ 型结构是迄今为止最常见的
PeLED 结构。经过六年的发展，基于 Type Ⅱ 型的 ITO/PEDOT：PSS/Polt-TPD/
钙钛矿 /LiF/Al 结构，PeLED 的 EQE 从 0.125% 上升到 28%[30,31]。与 Type Ⅱ 型

PeLED 的有机 HTL/ETL 相比，Type Ⅲ 型和 Type Ⅳ 型 PeLED 由于其内部含有无机 HTL/ETL，具有更好的载流子传输特性和更高的器件稳定性，成为一种非常受欢迎的结构。对于使用纯无机传输层的 Type Ⅲ 型 PeLED，Shi 等人报道了一种基于全溶液法工艺制备的 PeLED，结构为 ITO/NiO/CsPbBr$_3$/ZnO/Ag，实现了 3.79% 的 EQE，器件亮度为 6093.2cd/m^2[32]。这种未封装的器件在空气中表现出极好的运行稳定性：在 8.0V 偏压，75% 的高湿度条件下连续工作 12h 后，其发射强度仅降低 29%[33]，说明无机 ETL 可以作为一种有效的防潮屏障，用于保护钙钛矿层并维持其特性。随后他们使用 ITO/ZnO/MgZnO/CsPbBr$_3$/NiO/Au 的器件结构进一步改善了器件性能，EQE 提高至 4.6%，亮度提高至 10206cd/m^2。此外，未封装的 PeLED 可以在 8.0V 的偏压下连续工作 60h，发射强度仅衰减 14%。首先采用 Type Ⅳ 型结构制备的 PeLED 在 2014 年由 Friend 等人报道，其基本结构为 ITO/TiO/MAPbI$_{3-x}$Cl$_x$/F8/MoO$_3$/Ag，但器件的 EQE 仅为 0.76%，亮度仅为 346cd/m^2，性能较差。在此结构的基础上，Huang 等人进行了优化，采用 ITO/ZnO/PEIE/FAPbI$_3$/TFB/MoO$_x$/Au 的结构，PeLED 的 EQE 已达到 22.2%，是目前报道的近红外发光 PeLED 的记录值 [34]。

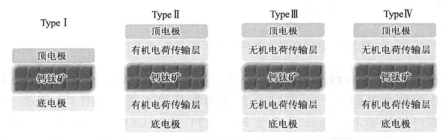

图 3-9　基于 HTL/ETL 类型分类的 PeLED 的四种结构示意图

3.2.2.1　有机 - 无机杂化钙钛矿电致发光器件

钙钛矿电致发光器件主要由阳极、空穴传输层（HTL）、发光层（EML）、电子传输层（ETL）、阴极五部分组成，如图 3-10 所示。发光层位于空穴传输层和电子传输层中间，形似"三明治"结构。选择合适能级和迁移率的空穴传输材料和电子传输材料，就可以实现有效的电荷注入和载流子注入平衡。同时，空穴传输层较浅的最低未占分子轨道（LUMO）能级将阻挡来自发光层的电子，电子传输层较深的最高占据分子轨道（HOMO）能级将阻挡来自发光层的空穴，因此形成的空穴 - 电子对（激子）被限制在发光层中，在一定程度上抑制了发光淬灭。一般来讲，钙钛矿电致发光器件主要分为正装器件结构 [图 3-10（a）] 和倒装器件结构 [图 3-10（b）]。在正装器件中，ITO 为阳极，空穴传输层制备在

ITO 阳极上层，钙钛矿发光层以溶液加工的方式旋涂在空穴传输层上层，然后依次蒸镀沉积电子传输层、金属阴极。在倒装器件中，ITO 为阴极，ITO 上层为电子传输层，利用旋涂成膜的方式制备发光层，空穴传输层和金属阳极依次沉积在发光层上层。两种器件结构的选择主要依赖于：钙钛矿薄膜生长和结晶对下层材料表面能的依赖性；能级匹配与载流子注入平衡。

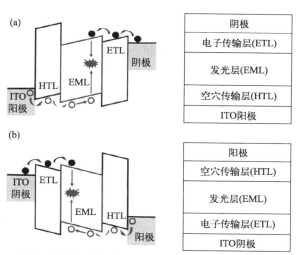

图 3-10 有机 - 无机杂化钙钛矿电致发光器件的器件结构及能级关系
（a）正装器件；（b）倒装器件（图中标明了电子和空穴注入、传输及复合发光过程）

有机 - 无机杂化钙钛矿电致发光器件的工作原理如下：

① 电子和空穴的注入。在外加电压作用下，电子和空穴分别从阴极和阳极向发光层中相向移动。在此过程中，电子和空穴需要分别克服阴极 / 电子注入层和阳极 / 空穴注入层之间的注入势垒。

② 电子和空穴的传输。当电子注入电子传输层中以后，在外加场的作用下注入钙钛矿的导带中。由于钙钛矿发光层与空穴传输层之间巨大的能级势垒，电子不能继续注入空穴传输层中。空穴在外加电压作用下注入钙钛矿的价带中，空穴不能继续注入电子传输层中。选择合适的空穴和电子传输层有助于减少能级势垒，实现载流子注入平衡，从而实现高效的钙钛矿电致发光。

③ 复合发光。被限制在钙钛矿发光层中的载流子相互捕获，实现辐射发光。

有机 - 无机杂化钙钛矿电致发光器件的发光原理如下：

传统无机半导体（如 CdSe 和 GaAs）的本征点缺陷作为电子陷阱或电子掺杂剂[35]，即使在极低的浓度下（百万分之一或者十亿分之一）依然严重影响其性能。尽管铅卤素钙钛矿材料的点缺陷（如 A 空位、X 空位）数量众多且形成能低[36,37]，但是这些缺陷并没有形成带隙中缺陷态，因此对钙钛矿的光学特性和电子性质影响较小。这种缺陷容忍特性是铅卤素钙钛矿中普遍存在的现象，是实现高效钙钛矿太阳能电池和高性能钙钛矿电致发光器件的基础。缺陷对缺陷不容忍的传统无机半导体和缺陷容忍的铅卤素钙钛矿电子能带结构的不同影响如图 3-11 所示（红线表示缺陷相关电子态）[38]。在无机 CdSe 中，Cd 离子的空位或位移将导致 Se 离子的局域非成键或弱成键[39]，这些轨道位于带隙深处，将形成缺陷态。无机半导体的带隙通常是在成键态 [价带（VB）] 和反键态 [导带（CB）] 之间形成的，因此陷阱态的生成是普遍现象。而在铅卤素钙钛矿中，带隙是在两组反键轨道之间形成的，所以缺陷能级在价带和导带内，或者最坏的情况下形成浅的缺陷。反位缺陷和间隙点缺陷是很容易形成缺陷态的两种缺陷，铅卤素钙钛矿与传统无机半导体的一个重要区别是钙钛矿结构对这两种缺陷的形成具有很强的免疫能力。

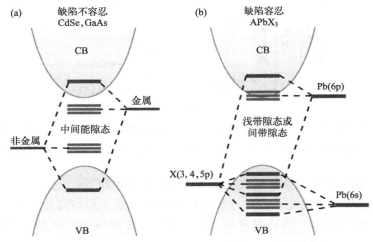

图 3-11　不同类型半导体材料的能级结构[38]

（a）缺陷不容忍的传统无机半导体（如 CdSe、GaAs）；

（b）缺陷容忍的铅卤素钙钛矿的电子能带结构示意图

激子是指库仑静电力作用下相互吸引的电子和空穴的束缚态，对钙钛矿材料的电荷载流子迁移率有显著影响[40]。如图 3-12 所示，激子主要分为万尼尔激子和弗伦克尔激子。万尼尔激子模型主要描述空穴和电子的波函数扩展范围（玻尔半径）远大于晶格常数的体系（$r_b \gg a$），其空穴和电子之间的库仑相互作用较弱，激子束缚能低（$E_B \approx 10\text{meV}$），为弱束缚态。弗伦克尔激子模型主要描述小玻尔半径的紧束缚态体系（$r_b \leqslant a$），其空穴和电子之间的库仑相互作用强，激子束缚能高（$E_B \geqslant 100\text{meV}$）。当钙钛矿材料的激子束缚能低于激子的室温解离能（约 26meV）时，激子将分离为自由载流子。钙钛矿的载流子复合主要分

为单分子复合、双分子复合、俄歇复合三种类型。三种电荷载流子的复合过程可以表示为[41-43]:

$$\frac{\mathrm{d}n(t)}{\mathrm{d}t} = G - k_1 n - k_2 n^2 - k_3 n^3 \qquad (3-2)$$

式中，G 为电荷密度产生速率；n 为电荷载流子密度；t 为时间；k_1 为单分子复合常数；k_2 为双分子复合常数；k_3 为俄歇复合常数。通常来讲，单分子复合是缺陷相关复合；双分子复合是自由载流子复合过程；俄歇复合是三载流子复合，为非辐射复合过程。

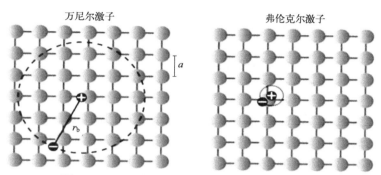

图 3-12　万尼尔激子和弗伦克尔激子的示意图

辐射发光效率在一定程度上决定了钙钛矿材料的光电子性质，高的辐射发光效率意味着更小的非辐射复合损失，有利于钙钛矿在高效光电子器件方面的应用。在稳态电荷注入时，辐射发光效率可以表示为:

$$\eta(n) = \frac{nk_2}{k_1 + nk_2 + n^2 k_2} \qquad (3-3)$$

因此，辐射发光效率强烈依赖于电荷密度 n。降低单分子缺陷辅助复合速率和俄歇复合速率显得尤为重要，这将有助于实现高的辐射发光效率。所以在三维钙钛矿中，电荷载流子密度较低时单分子缺陷辅助复合占主导过程；随着电荷载流子密度升高，双分子复合逐渐占据主导地位；当电荷载流子密度非常高的时候，俄歇复合占据主导地位。所以，如图 3-13 所示，钙钛矿器件的光致发光效率在一定范围内随着电流密度的增加先上升后下降[44]。

虽然不同组分三维钙钛矿材料的光致发光效率不同，但是光致发光效率对载流子密度的依赖性规律不变，因为这是由基础的载流子延迟物理学决定的，其规律只与钙钛矿的维度有关。根据式（3-3）对三维钙钛矿光致发光效率与载流子密度的关系进行模拟计算，如图 3-14 所示[45]。

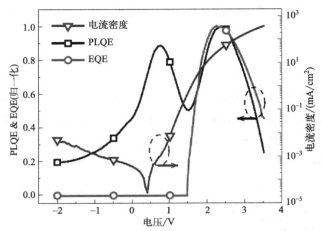

图 3-13   钙钛矿器件的电流密度、标准化光致发光量子效率
（PLQE）和驱动电压下的外量子效率（EQE）[44]

　　因为 k_2（约 10^{-10} cm³/s）和 k_3（约 10^{-28} cm⁶/s）［图 3-14（a）和（c）］是三维铅卤素钙钛矿的本征参数[46-47]，因此光致发光效率严重依赖于 k_1 和 n。在三维钙钛矿电致发光器件中载流子密度一般低于 10^{15} cm⁻³。假设三维钙钛矿器件中的载流子密度为 10^{15} cm⁻³，则缺陷辅助复合速率（k_1）需要满足 $k_1 = 10^5$ s⁻¹［图 3-14（a）］时，才能实现 50% 的辐射发光效率。而制备如此低缺陷密度的三维钙钛矿薄膜具有非常大的挑战性，目前还难以实现。如果三维钙钛矿电致发光器件中的载流子密度更低或者缺陷密度更高（$k_1 > 10^5$ s⁻¹），则在整个器件运行过程中缺陷辅助复合将总是优于自由电子-空穴双分子复合，使辐射发光效率急剧下降。根据文献报道 k_1 的值大约在 10^7 s⁻¹，如图 3-14（c）所示，在此情况下最高可实现约 60% 的辐射发光效率。但是根据图 3-14（a）可知，此时器件中的载流子密度需要超过 10^{17} cm⁻³，这在实际的铅卤素三维钙钛矿电致发光器件中是不可能实现的。

　　另一方面，固定三维铅卤素钙钛矿的本征参数 k_1（约 10^7 s⁻¹）和 k_3（约 10^{-28} cm⁶/s）不变，模拟不同的 k_2 下的辐射发光效率变化曲线［图 3-14（b）和（d）］。同样假设三维钙钛矿器件中的载流子密度为 10^{15} cm⁻³，则在 $k_2 > 10^{-8}$ cm³/s 时才能实现超过 50% 的辐射发光效率，而在三维铅卤素钙钛矿中如此高的双分子复合速率难以实现。文献报道的 k_2 值在 10^{-10} cm³/s 附近，根据图 3-14（d），在此情况下最高可实现约 60% 的辐射发光效率；但是根据图 3-14（b）可知，此时器件中的载流子密度需要超过 10^{17} cm⁻³，这在实际的三维钙钛矿电致发光器件中同样是不可能实现的。因此考虑到钙钛矿电致发光器件实际运行过程中较低的载流子浓度，三维铅卤素钙钛矿中较慢的双分子复合速率限制了其电致发光领域的应用。因此，增加局部载流子密度或减少单分子陷阱辅助复合以提高辐射效率的策略是必要的。纳米晶钙钛矿和低维层状钙钛矿结构在这方面开辟了新的途径。

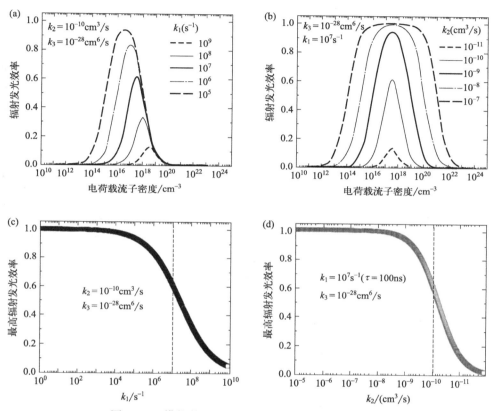

图 3-14　模拟的三维钙钛矿辐射发光效率曲线 [45]

（a）固定双分子复合速率（k_2）和俄歇复合速率（k_3）条件下，不同缺陷辅助复合速率（k_1）的辐射发光效率 - 注入电荷载流子密度依赖性曲线；（b）固定 k_1 和 k_3 条件下，不同 k_2 值的辐射发光效率 - 注入电荷载流子密度依赖性曲线；（c）固定 k_2 和 k_3 的情况下，可获得的最高辐射发光效率 $-k_1$ 依赖型曲线，虚线代表文献报道的经典 k_1 值（10^7s^{-1}，100ns）；（d）固定 k_1 和 k_3 的情况下，可获得的最高辐射发光效率 $-k_2$ 依赖型曲线，虚线代表文献报道的经典 k_2 值（$10^{-10} \text{cm}^3/\text{s}$）

　　准二维钙钛矿中同时具有量子限域效应和介电效应，具有比三维钙钛矿更大的激子束缚能和更低的缺陷密度，可以增强辐射复合从而实现高的光致发光效率。此外，准二维钙钛矿中不同相之间存在能量漏斗效应，可以使电荷载流子集中到最低带隙的二维钙钛矿相，导致钙钛矿电致发光器件中的局域电荷载流子密度增加，辐射发光效率增加，从而提高了电致发光器件效率。

　　在量子点（纳米晶）钙钛矿中，可以通过选择合适的表面配体对缺陷进行钝化，从而抑制非辐射复合通道；此外，在钙钛矿量子点材料中，电荷载流子被限制在纳米级别的钙钛矿晶粒内可以提高激子束缚能。同时，通过控制配体的投料比也可以对钙钛矿量子点的电荷注入能力进行调节。因此，综合以上优点的钙钛矿量子点材料具有实现高效电致发光器件的潜力。

3.2.2.2　无机钙钛矿量子点

全无机钙钛矿材料具有典型的钙钛矿晶体结构，以 CsPbBr$_3$ 的晶体结构为例，如图 3-15 所示，PbBr$_3$ 八面体以顶角 - 顶角的方式相连接，在三维空间延伸形成网络结构，而 Cs 离子则填充在八面体之间的空隙里[48]。而 CsPbBr$_3$ 的电子结构是由组成八面体的 Pb 和 Br 的电子结构共同作用而决定的，与 Cs 的电子结构无关。CsPbBr$_3$ 的价带和导带之间是没有相互耦合作用的，如图 3-15（b）所示，其价带顶（VBM）是由 Pb 的 s 轨道与 Br 的 p 轨道发生 s-p 杂化而形成的，要高于 Br 的 p 轨道；而导带底（CBM），则是由 Pb 的 p 轨道与 p 轨道相互耦合而形成的，要低于 Br 的 p 轨道。这种独特的电子结构，导致缺陷态的能级或者低于 CsPbBr$_3$ 价带顶，或者高于导带底，几乎不会对 CsPbBr$_3$ 的电子结构产生影响[49-50]。对于 CdSe 量子点而言，其缺陷态能级则是位于导带底和价带顶之间的，会捕获电子发生非辐射复合[38]。换言之，CsPbBr$_3$ 晶体结构对缺陷有很高的容忍度，这也是 CsPbBr$_3$ 量子点无需壳层包覆就可以有很高发光效率的原因。

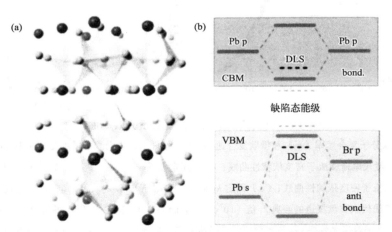

图 3-15　CsPbBr$_3$ 的（a）晶体结构和（b）电子结构示意图

与 CdSe/Cd-ZnS 核壳结构的量子点比，无机钙钛矿量子点无需进行表面包覆就可以获得优异的光学性能。就通过调控卤素比例和量子点的尺寸，无机钙钛矿量子点的发光可覆盖几乎整个可见光区域（410 ～ 700nm），发光效率高达 50% ～ 90%，发光线宽在 12 ～ 42nm 之间。此外，由于无机钙钛矿量子点的激子玻尔半径都相对较小（CsPbBr$_3$：7nm，CsPbI$_3$：12nm，CsPbCl$_3$：5nm），且合成后的提纯处理会对量子点的粒径有一定的影响，所以，改变卤素的比例和种类是调控无机钙钛矿量子点发光的主要手段[51]。

与有机 - 无机杂化钙钛矿量子点相比，无机钙钛矿量子点的光致发光寿命更短，大约为 1 ～ 29ns，而 $MAPbI_3$ 光致发光寿命约为 100ns，$MAPbBr_{3-x}Cl_x$（x=0.6 ～ 2）的光致发光寿命则大约为 40 ～ 400ns，因此，无机钙钛矿量子点更适合作为光源应用在发光二极管器件中。无机钙钛矿量子点发光的色域范围广，可覆盖超过 140% 的国家电视系统委员会（NTSC）标准色域，而过渡金属硒化镉量子点发光的色域范围最多能覆盖大约 100% 的范围，因此，无机钙钛矿量子点在显示、背光等领域也具有很大的应用前景。

3.3　钙钛矿电致发光器件中的空穴传输材料

PeLED 的最高效率来自 NIP 型器件，但是在制备 NIP 型器件的过程中，由于 n 型有机半导体的迁移率普遍偏低，多以金属氧化物 TiO_2、SnO_2、ZnO 纳米颗粒作为电子传输层，在合成的过程中难以精确控制纳米颗粒的半径，无法调控电子传输层的厚度[52]；并且为了提高 HTL 的空穴迁移率，PIN 结构具有低温制备、工艺简单等优点，同时目前绿光、蓝光 PeLED 达到最高效率的器件所采用的结构就是 PIN 型。

因此，如何进一步提升 PIN 型钙钛矿光电子器件的性能是目前的研究热点，而获得高质量致密平整的钙钛矿活性层是保证高效器件的关键。这也就意味着空穴传输层将发挥至关重要的作用，一方面合适的 HTL 能够快速高效地将空穴载流子从钙钛矿层提取传输到电极，另一方面 HTL 的物化特性能够决定沉积上的钙钛矿的形貌和结晶状况[53]。除此之外，HTL 还起到调控器件内部电场，增强器件稳定性等作用。因此，空穴传输层调控是提高钙钛矿光电子器件的性能不可缺少的一环。目前主要用于 PIN 型器件的 HTL 材料为无机化合物、聚合物、有机小分子等，部分常用聚合物和小分子材料如图 3-16 所示。本章节将从四个方面介绍调控空穴传输层的研究方向。

3.3.1　新型 p 型半导体用于空穴传输层

合成与开发能级合适、空穴迁移率高、在可见光无吸收、成本低廉、易湿法制备的新型空穴传输材料以及挖掘现有 p 型半导体应用于钙钛矿光电器件的空穴传输层无疑是最佳优化方法。例如，加拿大不列颠哥伦比亚大学 Curtis P.Berlinguette 联合萨斯喀彻温大学 Timothy L. KellyKelly 课题组合成新型 p 型有机小分子 N^2,N^2,N^7,N^7- 四甲氧基螺芴 -9,20-[1,3] 二氧戊环 -2,7- 二胺 (DFH) 作为 PIN 型 PeSC 器件的空穴传输材料，如图 3-17 所示，器件最高 PCE 超过 20%。

DFH 具有很高的固有空穴迁移率，约为 $1 \times 10^3 \mathrm{cm}^2/(\mathrm{V} \cdot \mathrm{s})$，因此无需额外的 p 型掺杂，同时还具有合适的 HOMO 能级，能够有效提取钙钛矿中的空穴。由于 DFH 具有较强的疏水性，沉积其上的钙钛矿活性层晶粒尺寸较大（约 $2\mu\mathrm{m}$）[54]。

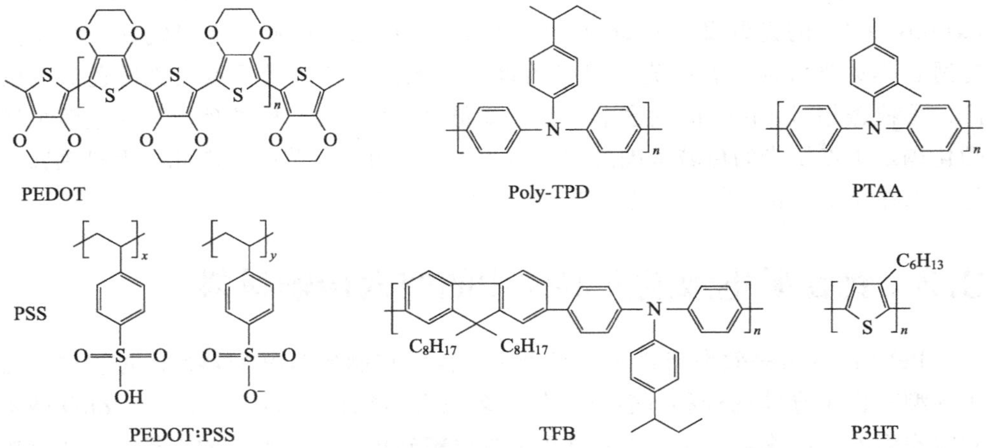

图 3-16　常见用于 PIN 型的和 PeLED 的空穴传输材料

华南理工大学叶轩立教授团队联合西南大学的朱琳娜团队通过将四苯乙烯（TPE）中的氧原子替代为硫原子合成了新型空穴传输材料 TPE-S 制备 PIN 型 PeSC 器件，分子结构如图 3-17 所示，发现其中的硫元素可以有效钝化钙钛矿晶体结构中的缺陷，获得了较少缺陷态的钙钛矿活性层。TPE-S 具有合适的 HOMO 能级（-5.29eV），能够有效地提取空穴载流子。因此基于 TPE-S 的全无机 $CsPbI_2Br$ PeSC 器件表现出 15.4% 的最高效率[55]。

南方科技大学郭旭岗团队及其合作者合成了用于 PIN 型 PeSC 器件 HTL 的新型 p 型有机小分子 MPA-BTTI，分子结构如图 3-17 所示，它具有较高的空穴迁移率 $[2.02\times10^{-4}\mathrm{cm}^2/(\mathrm{V} \cdot \mathrm{s})]$，合适的 HOMO 能级（-5.24eV），湿法制备的 HTL 薄膜平整光滑且润湿性较差，在其上沉积的钙钛矿活性层晶粒尺寸大的同时保证了薄膜致密无孔，最优器件性能够达到 21.17%[56]。随后，该团队联合美国西北大学的 Tobin Marks 团队，合成了新型空穴传输材料 MPA-BT-CA，分子结构如图 3-17 所示，该材料能够溶解在 DMSO/IPA 混合溶剂中，旋涂制备了 MPA-BT-CA 光滑薄膜，其具有优异的光电性能，同时沉积其上的钙钛矿活性层结晶性良好，基于其制备的 PeSC 器件最佳 PCE 超过 21%[57]。

华东师范大学的方俊锋团队通过在聚芴基单元上结合羧基侧链和双噻吩单元合成了 p 型有机聚合物 PFDT-COOH，同时将噻吩基团上的氢原子替换为 F 原子合成了 PFDT-2F-COOH，两者的分子结构如图 3-17 所示，基于两种空穴传输材料制备的 PIN 型 PeSC 器件最高 PCE 分别为 20.64% 和 21.68%[58]。

香港城市大学朱宗龙及其合作者为了降低钙钛矿内部和界面之间的非辐射复合导致的开路电压损失，合成了新的基于嘧啶的有机聚合物 PPY2 作为 PeSC 器件的空穴传输层，PPY2 的化学结构如图 3-17 所示，PPY2 展现出与钙钛矿活性层相匹配的能级，薄膜具有高的迁移率，同时能够有效钝化钙钛矿中非配位的 Pb^{2+} 和碘化物缺陷，促进高质量钙钛矿活性层的形成，最优器件 PCE 高达 22.41%[59]。

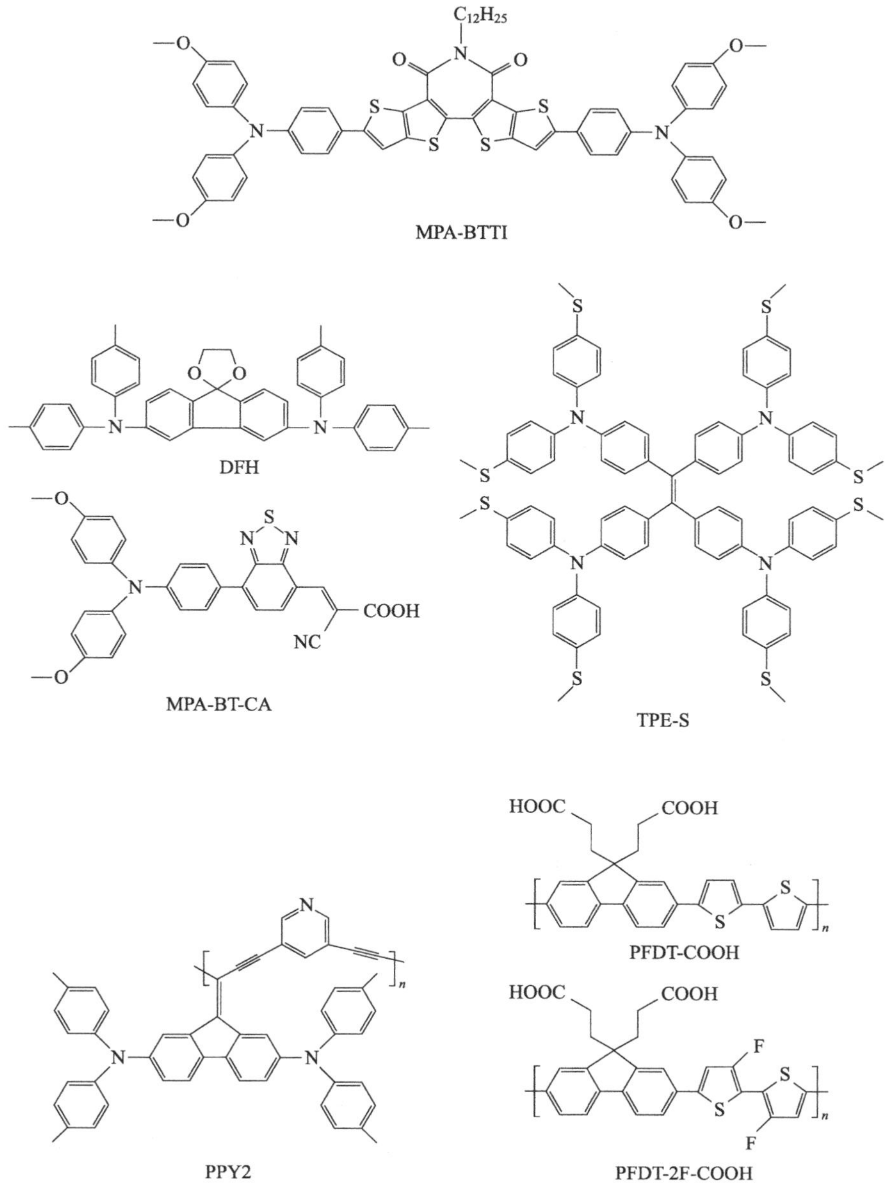

图 3-17　应用于 PIN 型的 PeLED 的新型空穴传输材料

Song Myoung Hoon 团队利用不同大小抗衡离子与聚（芴 - 联苯）基阴离子共轭聚电解质替代 PEDOT：PSS 作为 PIN 型 PeLED 的空穴传输层，这些电解质能够改善钙钛矿晶体在界面上的润湿性、相容性和成核特性，使钙钛矿晶体具有更强的结晶性，同时增加钙钛矿活性层的激子结合能。因此，基于此制备的天蓝色 PeLED 器件最高 EQE 为 2.34%[60]。

3.3.2 通过掺杂优化空穴传输层

通过掺杂不同物质来调控常见空穴传输层的物化特性，是一种行之有效的提升钙钛矿光电子器件性能的策略。掺杂的主要目的为提高空穴传输层的电导率，修饰薄膜的能级，改善薄膜的润湿性，引入官能团钝化上层钙钛矿活性层等。针对不同需求的器件，掺杂的物质也不同[61-63]。

Fung Man-Keung 课题组及其合作者在 PEDOT：PSS 中掺杂 p 型有机小分子 2,3,5,6- 四氟 -7,7,8,8- 四氰基醌二甲烷（F4-TCNQ）作为 PIN 型 PeSC 器件的空穴传输层，相较于未掺杂空穴 PEDOT：PSS 传输层，薄膜的功函数能级由 -5.04eV 降低到 -5.18eV，电导率由 0.02S/m 提高到

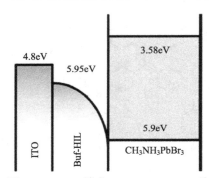

图 3-18   PFI 掺杂 PEDOT：PSS 的器件能级示意图[66]

0.13S/m，这也意味着 F4-TCNQ 的掺杂能够更高效地将空穴载流子从钙钛矿层提取传输到电极。因此，掺杂器件的性能表现出较高的提升，PCE 从 13.2% 提高到了 17.22%[64]。Huang Jinsong 课 题 组 在 PTAA 里同样掺杂 F4-TCNQ 作为 PIN 型钙钛矿太阳能电池的空穴传输层，这种有机小分子的掺杂使器件的串联电阻降低了三分之一，器件性能从 14.8% 提高到了 17.5%[65]。

Lee Tae-Woo 课题组通过将自组装聚合物 PFI 掺杂到 PEDOT：PSS 中形成了功函数从底部到顶部逐渐降低的空穴传输层，从 -5.2eV 逐渐降低到 -5.95eV，如图 3-18 所示，制备了基于不同钙钛矿材料的 PeLED，如 MAPbBr$_3$，CsPbBr$_3$，PEA$_2$（CH$_3$NH$_3$）$_2$Pb$_3$Br$_{10}$ 的钙钛矿发光二极管[66]。由于 PFI 的掺杂降低了空穴从 HTL 钙钛矿的注入势垒，因此上述所有 PeLED 器件性能均有大幅提升[67]。

3.3.3 通过添加缓冲层修饰空穴传输层

Gong Hao 团队在 PTAA 空穴传输层和钙钛矿之间添加有机绝缘聚合物 PMMA 薄膜作为缓冲层制备 PIN 型 PeSC 器件。缓冲层在氧离子轰击后产生了

亲水基团，能够降低非润湿的 HTL 表面的表面张力，有利于钙钛矿晶体的成核和生长，同时形成的羰基能够钝化钙钛矿薄膜中的缺陷态，这有利于致密、光滑、无针孔钙钛矿薄膜的形成。得益于这些优点，基于 PMMA 缓冲层的器件 PCE 能从 17.42% 大幅提升至 20.75%[68]。

刘生忠团队利用介孔结构的 CuCaO₂ 作为缓冲层修饰 NiO 空穴传输层和钙钛矿活性层的界面制备 PIN 型 PeSC 器件[69]。相较于单纯的平面结构，介孔 CuCaO₂ 缓冲层能够更加有效地从钙钛矿中提取空穴，这是因为钙钛矿和 HTL 的接触面积有了大幅的提升。同时 CuCaO₂ 的价带在 NiO 和钙钛矿之间同样有利于载流子的传输，降低载流子重新复合，因此器件的最高 PCE 达到 20.13%。

Chen Fang-Chun 课题组[70]利用可交联的有机小分子 9,9-双[4-[（4-乙烯基苯基）甲氧基]苯基]-N_2,N_7-二-1-萘基-N_2,N_7-二苯基-9H-芴-2,7-二胺（VB-FNPD）作为空穴缓冲层制备 PeLED，研究人员发现沉积在 VB-FNPD 缓冲层的钙钛矿活性层的覆盖率远高于无缓冲层的 PEDOT：PSS 上，同时器件的空穴注入势垒也得到改善，因此，器件性能也有所提升。

Park Jongwook 课题组[71]在 PEDOT：PSS 上引入新型 p 型聚合物（PBCZCZ）作为缓冲层，其 HOMO 能级在 -5.74eV，数值在 PEDOT：PSS 功函数和钙钛矿的价带之间，有利于空穴从 PEDOT：PSS 注入钙钛矿发光层中，同时其空穴迁移率为 $3.67×10^{-5}cm^2/(V·s)$，更能平衡器件中的空穴和电子载流子数量。相较于无空穴缓冲层的 PeLED 器件，PBCZCZ 作为缓冲层的绿色和天蓝色 PeLED 的 EQE 分别提高了 2.5 倍和 3 倍。

苏州大学孙宝全课题组[72]在 Poly-TPD 空穴传输层和钙钛矿发光层之间插入两亲性共轭聚合物 PFN 作为空穴缓冲层，PFN 能够改善钙钛矿膜的质量，有效地抑制非辐射复合，并且通过进一步提高电荷注入平衡使得绿光 PeLED 的最大 CE 达到了 45.2cd/A，最高 EQE 为 14.4%。

3.3.4　空穴传输层后处理

在湿法制备空穴传输层后，退火无疑是不可缺少的后处理环节，用以除去残余溶剂和改善空穴传输层形貌。除退火后处理之外，往往还有其他后处理手段用以调控空穴传输层。例如，氧离子轰击、紫外线照射、溶剂处理等[73]。

溶剂处理也是调控空穴传输层常用的方法，尤其对于 PEDOT：PSS 薄膜，使得薄膜表面势能和形貌有一定的变化，更有利于钙钛矿光电器件性能的提升。例如，魏展画课题组[74]利用去离子水处理的 PEDOT：PSS 薄膜制备 PeLED，其中去离子水的作用是削薄 PEDOT：PSS 的厚度，增强传输层的电导率同时平衡 PeLED 中空穴和电子载流子的数量，拓宽器件的发光区域，进而大幅提升器件的性能。清华大学孙洪波课题组[75]利用 DMF 处理 PEDOT：PSS 表面，延长了钙钛矿制备时的结晶时间，提高了钙钛矿活性层的整体覆盖率，使得制备的 PeLED 性能在 DMF 处理后有了大幅度的提升。同样，北京大学朱瑞团队利用 DMF、MeOH、EG 有机溶剂处理 PEDOT：PSS 表面[76]，发现 PEDOT：PSS 表面的部分绝缘 PSS 离子被溶剂移除，因此空穴传输层的电导率出现了大幅提升，制备的 PIN 型 PeSC 器件性能也有所提升，利用 DMF 处理后 PeSC 的PCE 从 16.69% 提升到 18.02%。

3.4   钙钛矿电致发光器件中的电子传输材料

LED 技术由于在实现高对比度、超薄轻型和柔性的平板显示器和下一代绿色固态照明领域具有独特优势而受到广泛关注。有机电子传输材料（ETM）是LED 器件的基本组成部分，能避免由阴极和发光层直接接触而引起的发光猝灭，在决定 LED 效率和稳定性方面起着至关重要的作用。

3.4.1   有机小分子电子传输材料的设计要求

到目前为止，已有大量有机电子传输材料被公开报道，但易合成纯化、可应用于高效稳定 LED 器件的 ETM 设计，仍具有挑战性。经过三十多年的发展，为了满足实际应用需求，电子传输材料应具备以下性能：

① 高电子迁移率，譬如大于 $10^{-4} cm^2/(V \cdot s)$。通常，空穴传输材料迁移率较高，高电子迁移率将有利于降低器件的驱动电压和平衡发光层内的空穴与电子，进而降低器件的功率损耗和抑制极化子 - 激子湮灭，提升 LED 器件稳定性。

② 适宜的 HOMO/LUMO 能级。较低的 LUMO 能级（＜-3.0eV），有利于电子从阴极注入，减小器件的开启电压；较低的 HOMO 能级可以有效地将空穴限制在发光层中，增大载流子复合效率，进而提高器件性能。

③ 高三线态能级，能够防止三线态激子扩散到电子传输层造成激子猝灭，提高器件效率。

④ 高玻璃化转变温度（T_g），约 100℃以上。若面向 LED 显示产业，对 T_g要求更高，须高于 120℃。

为了追求高电子迁移率，需要增加分子共轭，这往往导致 ETM 的溶解性差，因而难纯化。有研究表明，卤代杂质即使微量残留，也将对 LED 稳定性产生致命影响。另外，提升玻璃化温度、三线态能级与电子迁移率之间，亦存在权衡关系。

3.4.2 有机小分子电子传输材料的研究进展

（1）吡啶类电子传输材料

吡啶单元由于具有强电负性和优异的电子传输性能等优点而成为较常用的电子传输材料构筑单元。目前，吡啶类电子传输材料是报道最多的一类电子传输材料。J.Kido 课题组在吡啶类电子传输材料方面做了大量的研究。该课题组的 D.Tanaka 等人[77,78] 在 2007 年报道了一个以硼原子为核的吡啶衍生物 3TPYMB（如图 3-19，分子式 1），该化合物具有高三线态能级（ET=2.95eV）和高电子亲和势，将其作为电子传输材料在绿光磷光器件中获得了比常用电子传输材料 Alq$_3$ 更高的器件性能。同年，S.J.Su 等人[79] 设计合成了一系列新型的四吡啶基苯联苯衍生物（如图 3-19，分子式 2），这些化合物作为电子传输 / 空穴 / 激子阻挡层用在 Ir(ppy)$_3$ 作为发光材料的绿光磷光器件中，获得了比 BCP/Alq$_3$ 作为电子传输层的器件更高的效率。

2008 年，S.J.Su 等人[80, 81] 报道了多个含吡啶的三苯基苯衍生物 TpPyPB 和 TmPyPB（如图 3-19，分子式 3 和 4）并探究了吡啶 N 原子位置对材料性能的影响，这些电子传输材料具有高电子迁移率［约 10^{-3}cm^2/(V·s)］和高三线态能级（2.57 ～ 2.78eV），以及良好的空穴阻挡和电子注入性能。其中，TpPyPB 和 TmPyPB 作为电子传输层在蓝光（FIrpic）和绿光［Tr(ppy)$_3$］磷光 OLED 中获得了高外量子效率和功率效率。由于其优异的性能，TmPyPB 被广泛用作 OLED 的电子传输材料。随后，S.J. Su 等人开发了一系列以三嗪为核的吡啶类电子传输材料（如图 3-19，分子式 5 和 6），缺电子三嗪单元的引入，提高了化合物的电子注入和空穴阻挡性能，并保持了高三线态能级（＞ 2.70eV），作为电子传输材料在基于 Ir(ppy)$_3$ 的绿光磷光有机电致发光器件中获得了非常低的工作电压（约为 2.77V@1000cd/m^2）和高效率。此外，该课题组的 H.Sasabe 等人[82] 报道了一系列含 3,5- 二吡啶基苯基单元的电子传输材料（如图 3-19，分子式 7），它们具有高三线态能级（约 2.7eV）和高电子迁移率［约 $1×10^{-3}$cm^2/(V·s)］，作为电子传输材料在基于 FIrpic 的蓝光磷光 OLED 中获得了非常高的效率：在 100cd/m^2 的亮度下，功率效率和电流效率分别为 561m/W 和 53cd/A。随后，对其进行了改进，用嘧啶单元替换中心的苯基或在中心苯环上引入不同数量的 F 原子，得到一系列新的电子传输材料（如图 3-19，分子式 8 ～ 12），这些化合物同样具有高三线态能级和电子迁移率，F 原子的引入可以进一步提高材料的电子迁移率。用这些电子传输材料和 Ir(ppy)$_3$ 制备了效率极高的绿光磷光 OLED 器件：在 100cd/m^2 时显示出 128 1m/W 和 105cd/A 的高效率；经过优化的 TADF 器件获得了 29.2% 的最大外量子效率和 133.2 1m/W 的最大功率效率[83-86]。此外，该课题组的 L.X.Xiao 等人[87] 报道的弱电子传输性能硅烷 -

吡啶类电子传输材料 DPPS（如图 3-19，分子式 13），同样也获得了良好的器件效率。

其他课题组对吡啶类电子传输材料也做了一些研究。如 M.Ichikawa 等人[88,89]报道的含联吡啶的电子传输材料（如图 3-19，分子式 14 ~ 17）；中国科学院理化技术研究所的 P.F.Wang 课题组[90]报道的含氰基的电子传输材料（如图 3-19，分子式 18 和 19）。这些材料均具有高电子迁移率，在 OLED 器件中表现出较低的工作电压。此外，文献中还报道了多种以多环芳烃为核的吡啶类电子传输材料。例如，S.Lee 和 J.H.Kwon 课题组[91, 92]报道的以芘为核的电子传输材料（如图 3-19，分子式 20 ~ 22）；清华大学 Y.Qiu、L.Duan 以及华中科技大学 L.Wang 课题组[93-95]报道的以蒽为核的吡啶电子传输材料（如图 3-19，分子式 23 ~ 25）；C.Adachi 课题组[96]以苯并菲为核合成的四个联吡啶电子传输材料 BPy-TPs（如图 3-19，分子式 26 ~ 29）；以及 J. Kido 课题组[97]报道的 BnPyPCs（如图 3-19，分子式 30）。这些刚性、大平面的多环芳烃核的引入能够有效提高电子迁移率，平衡发光层中的电子与空穴，提高激子复合效率，进而提高器件效率。也有课题组采用刚性扭曲的螺二芴单元作为核合成了高三线态能级和高玻璃化转变温度的电子传输材料。如 J. Y. Lee 课题组[98]报道的 SPBP（如图 3-19，分子式 31）和北京大学 L.X.Xiao 课题组[99, 100]报道的 TPSFs（如图 3-19，分子式 32 和 33），其中 27-TPSF（分子式 32）在绿光 TADF 器件中，获得了 24.5% 的最大外量子效率，以及在初始亮度为 10000cd/m^2 时，t_{50} 约为 121h 的高稳定性。

（2）噁二唑类电子传输材料

噁二唑衍生物因空穴阻挡性能优异而被广泛地用作电子传输 / 空穴阻挡材料。1989 年，C.Adachi 等人[101]将 PBD（如图 3-20，分子式 34）作为空穴阻挡 / 电子传输层用在 OLED 器件中使得发光效率提升了 8 ~ 10 倍。但 PBD 薄膜具有很强的结晶倾向而导致 OLED 器件不稳定。之后多个课题组对 PBD 进行改进，报道了一系列噁二唑电子传输材料，其中较为典型的是 OXD-1 和 OXD-7（如图 3-20，分子 35 和 36），蒸镀薄膜的结晶性得到一定改善，但仍然无法得到稳定的无定型薄膜[102-104]。为了获得非晶薄膜并克服重结晶的问题，多个课题组进行了诸多尝试来合成具有较高玻璃化转变温度的化合物，并报道了一系列能够形成稳定无定型薄膜的星型或支化噁二唑衍生物，有望获得稳定的 OLED 器件[105-108]。其中，较为典型的是 J.Salbeck 等人[108]报道的螺芴单元为核的噁二唑衍生物 spiro-PBD（如图 3-20，分子式 37），该化合物的 T_g 为 163℃，能够形成高质量的无定型薄膜。Spiro-PBD 作为电子传输层的蓝光双层器件启亮电压为 2.7V，在 5V 时亮度为 500cd/m^2。

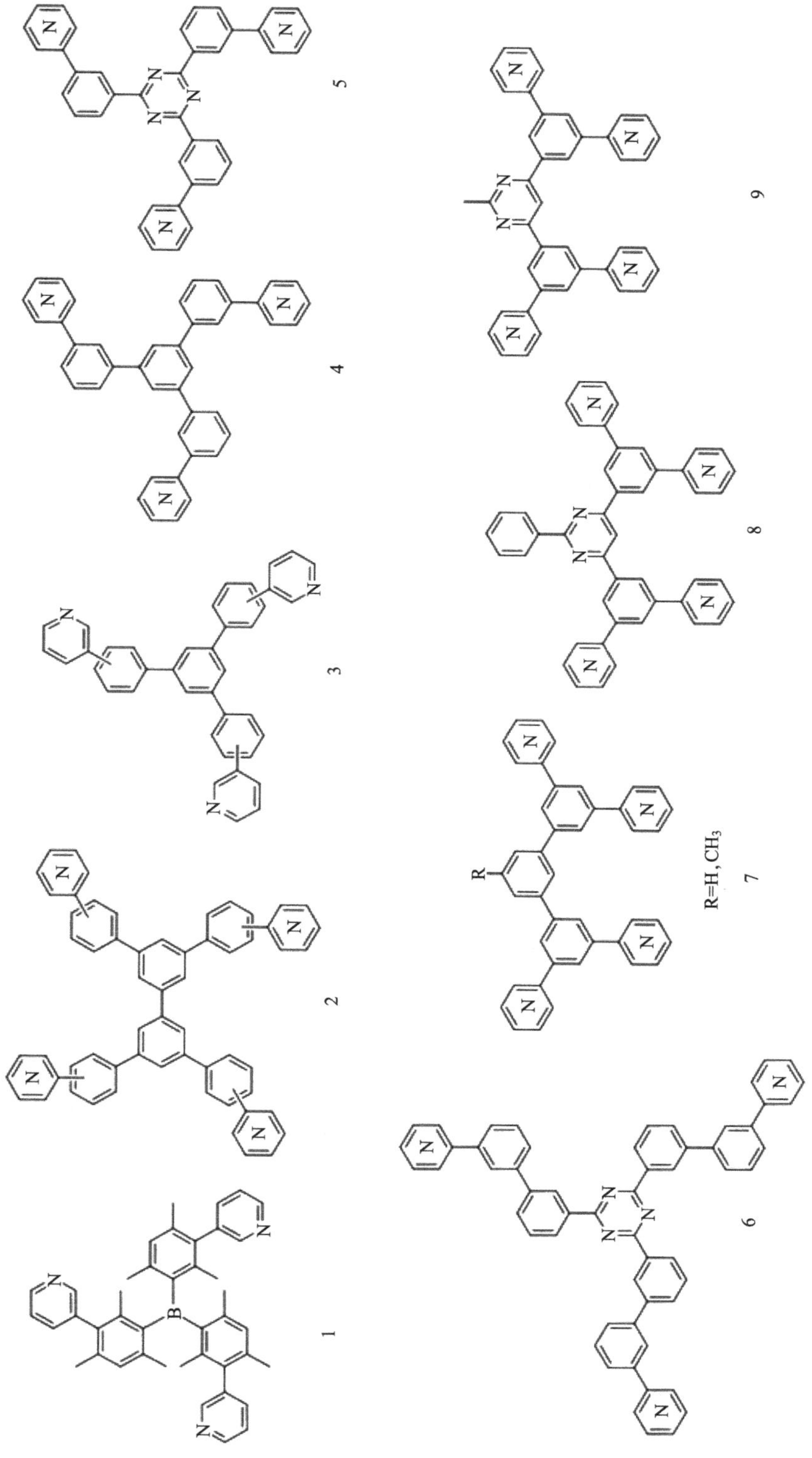

图 3-19

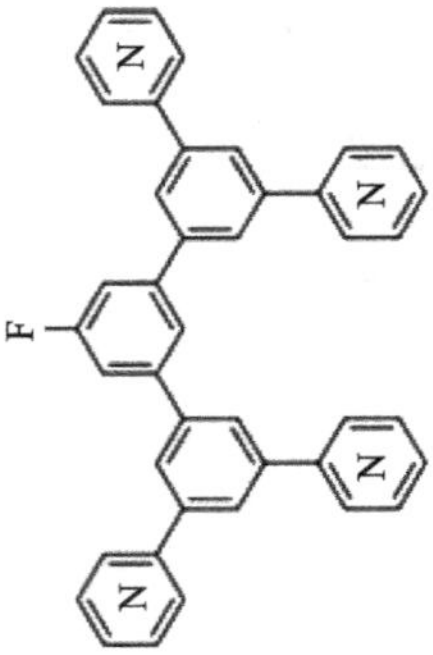

10

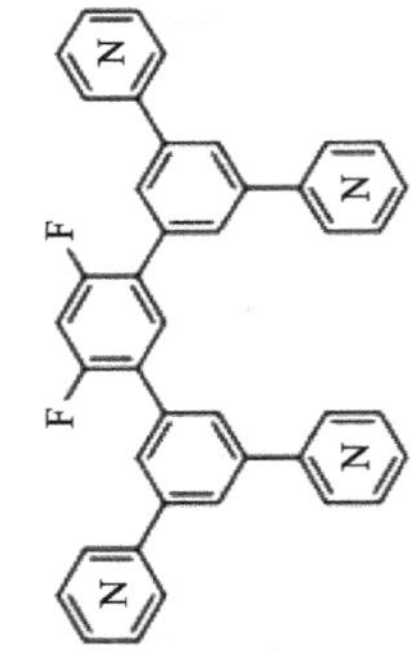

11

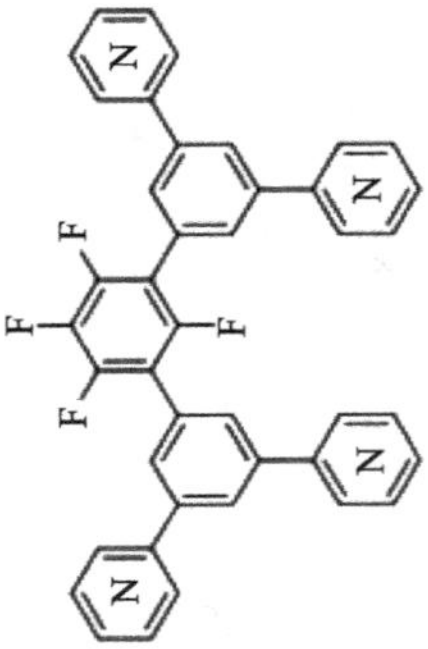

12

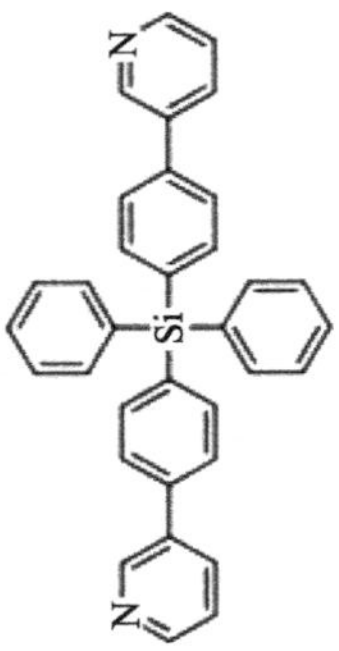

13

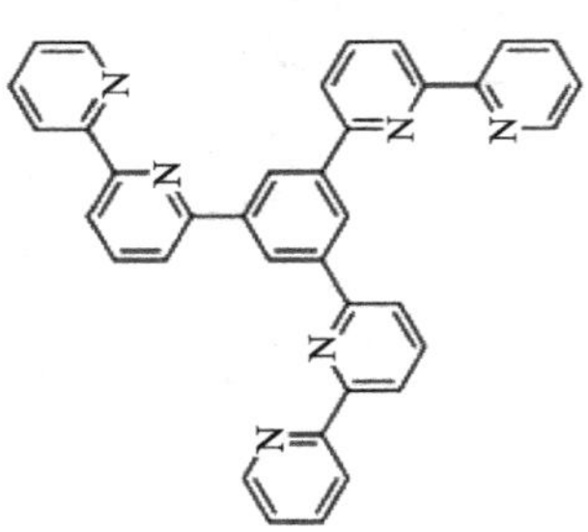

14

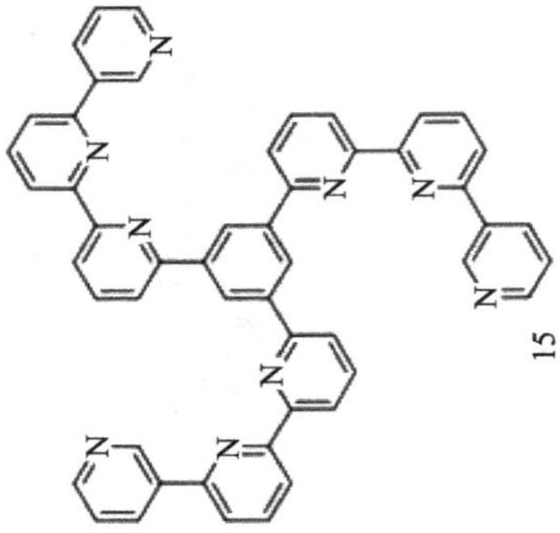

15

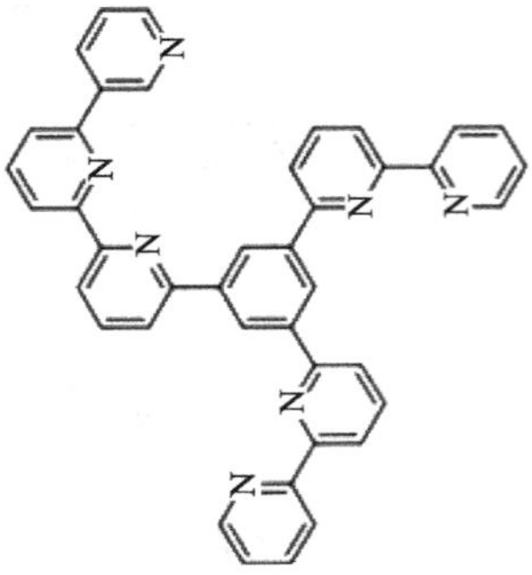

16

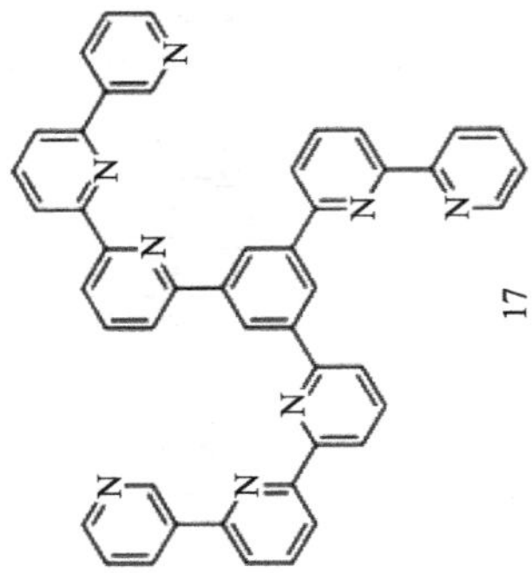

17

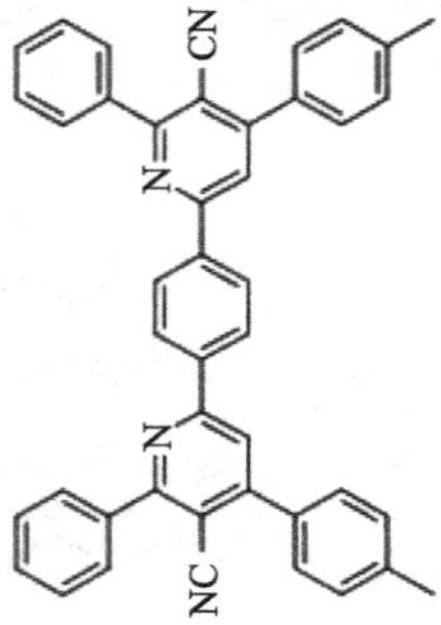

18

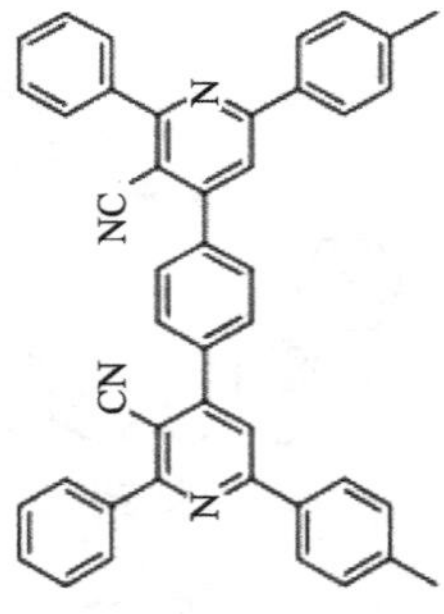

19

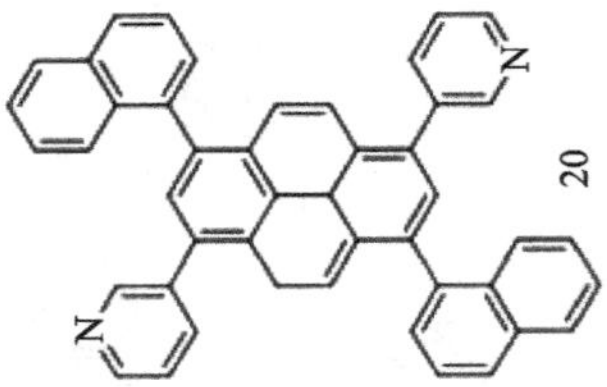

20

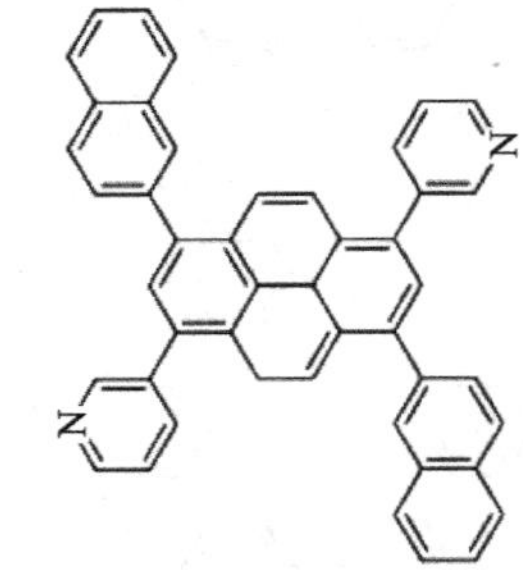

21

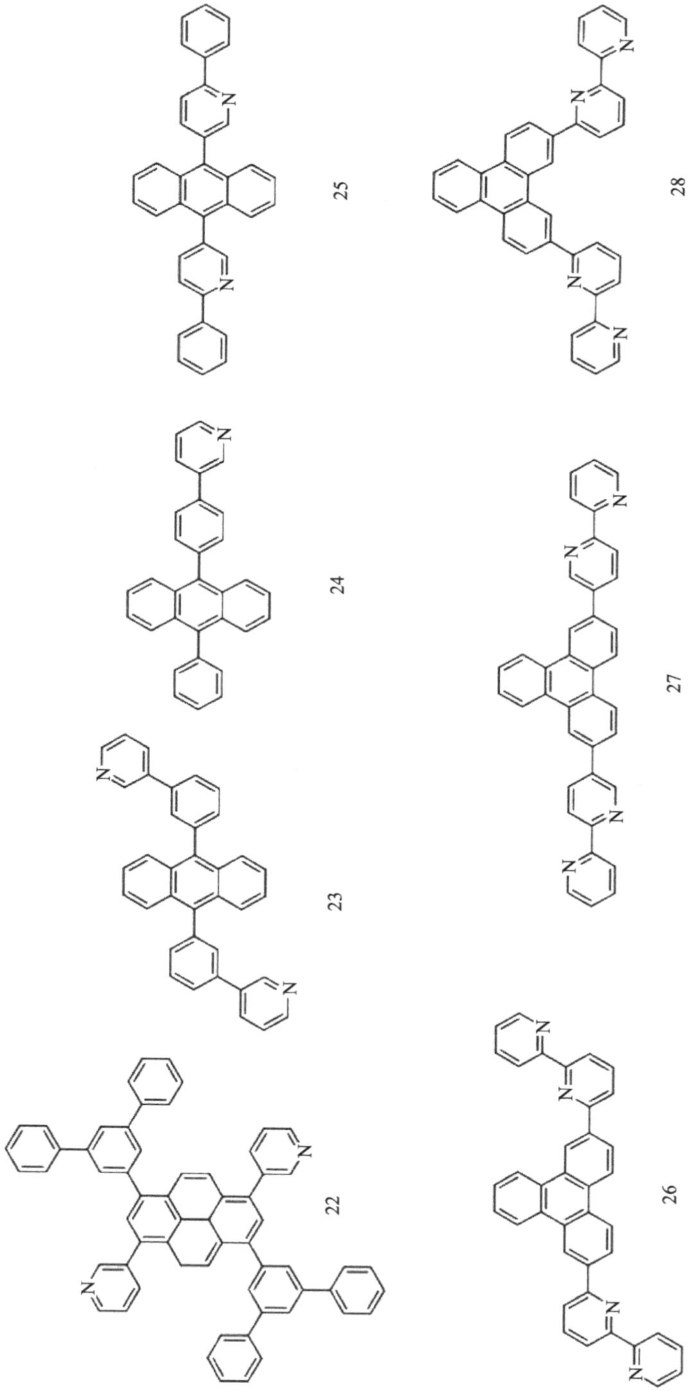

图 3-19

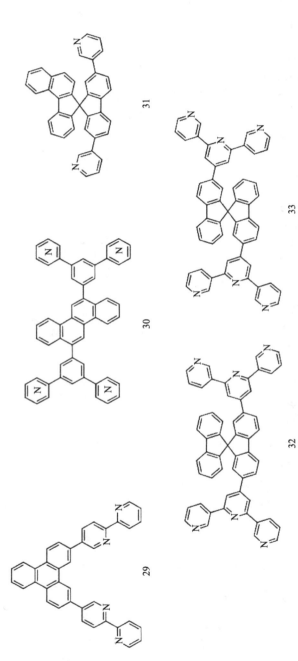

图 3-19 吡啶类电子传输材料的分子式

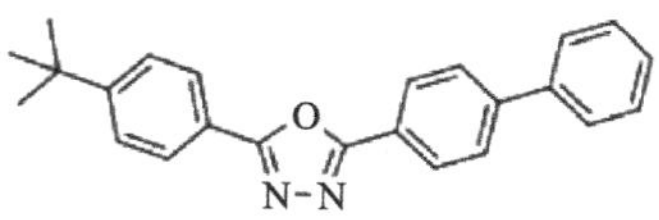

34

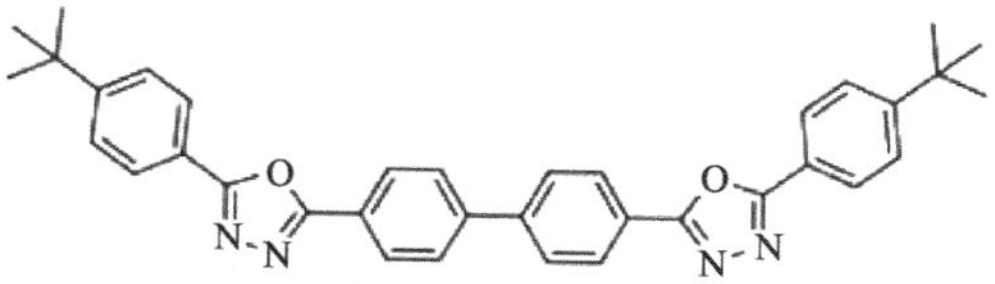

35

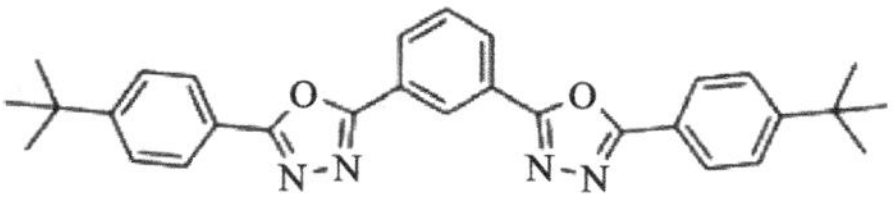

36

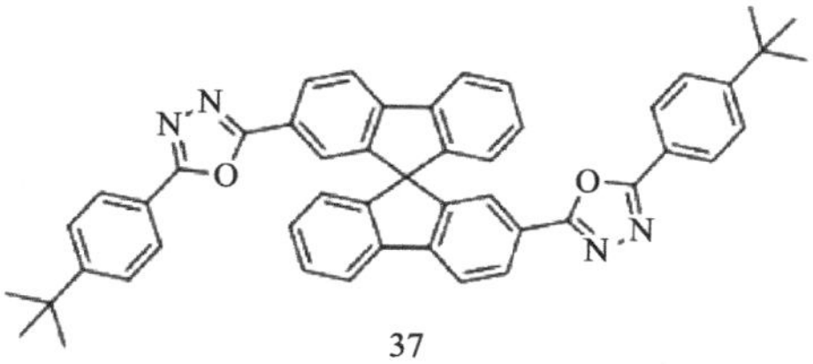

37

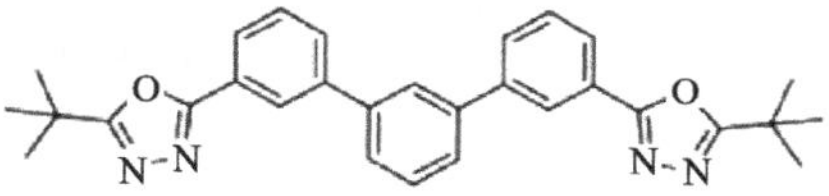

38

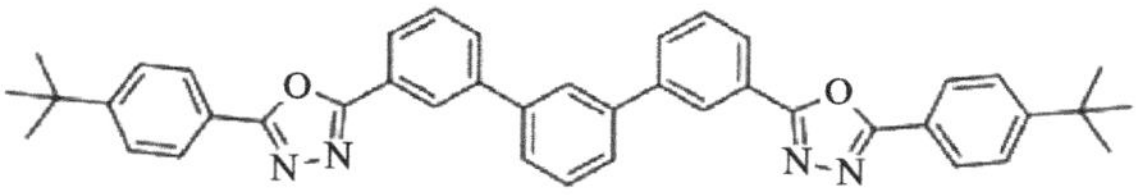

39

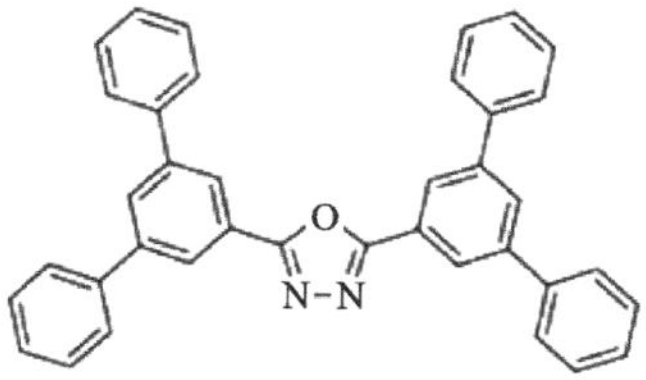

40

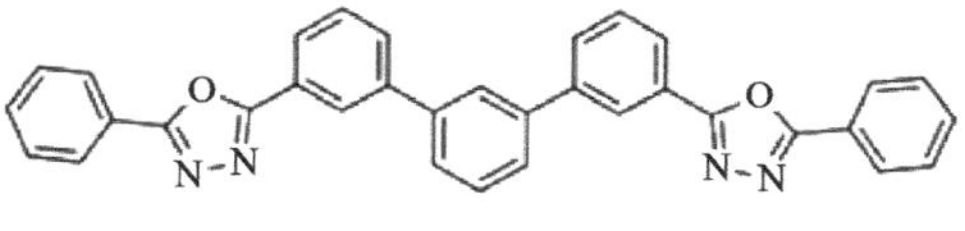

41

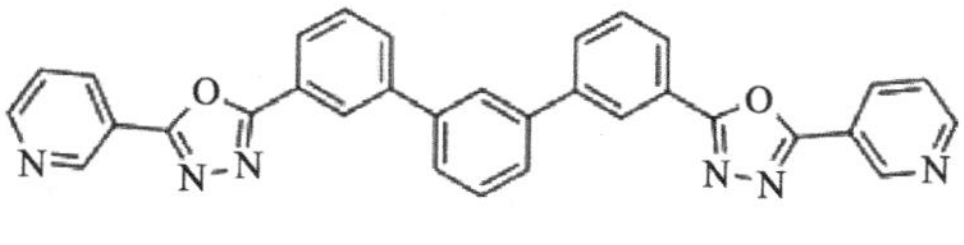

42

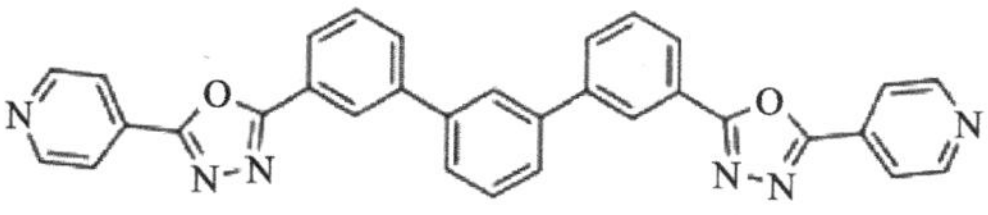

43

图 3-20 噁二唑类电子传输材料的分子式

之后，C.H.Cheng 课题组合成了一系列噁二唑电子传输材料。2012 年，C.A.Wu 等人[109]在 OXD-7 基础上进行改进得到 tOXD-mTP 和 tpOXD-mTP（如图 3-20，分子式 38 和 39），二者的玻璃化转变温度分别为 63℃和 107℃，具有较高的三线态能级，分别为 2.83eV 和 2.90eV。其中，tOXD-mTP 在有机电致发光器件中获得良好的性能。以 tOXD-mTP 作为电子传输层的蓝光磷光 OLED 器件的效率约为 OXD-7 器件的 2 ～ 3 倍：基于 FIrpic 器件的电流效率和外量子效率为 43.3cd/A 和 23%；基于 FIr6 器件的效率为 42.5cd/A 和 25%。2014 年，C.H.Shih 等人[110]合成了一个具有高玻璃化转变温度（220℃）、高三线态能级

（2.76eV）和高电子迁移率的材料 TPOTP（如图 3-20，分子式 40），可以用作红、绿、蓝磷光 OLED 器件的通用电子传输材料并表现出高电流密度和低工作电压。对于绿光磷光 OLED，实现了超过 25% 的最大外量子效率（LE_{max}=97.6cd/A）和 100.6 lm/W 的最大功率效率；红光和蓝光磷光电致发光器件也获得了高于 23% 的外量子效率，并且高亮度下效率滚降小。第二年，C.H.Shih 等人[111]合成了三个噁二唑电子传输材料 PhOXD、3PyOXD 和 4PyOXD（如图 3-20，分子式 41～43），三者均具有较高的迁移率。将这 3 个化合物用作蓝光、绿光和红光磷光 OLED 器件的电子传输／空穴阻挡层，器件表现出低启亮电压、高效率以及低效率滚降。其中，PhOXD 是红绿蓝器件的理想电子传输材料，获得了出色的外量子效率（EQE>26%）以及电流和功率效率。

（3）喹啉／喹喔啉类电子传输材料

缺电子的喹啉单元也被广泛地用作 OLED 电子传输材料的组成部分。而喹喔啉相对于喹啉具有更高的电子亲和势、更好的电子注入和传输性能。P.Strohriegl 课题组对于喹喔啉电子传输材料的研究比较早，从 1997 年开始，该课题组报道了一系列喹喔啉类电子传输，命名为 TPQs 和 BPQs，其中，分子式 44 和 45（如图 3-21）较为典型。BPQs 和 TPQs 具有较高的玻璃化转变温度，分别能达到 139℃和 195℃，可形成稳定的无定形态，且具有良好的电子注入性能，作为电子传输层用在 PPV 双层 OLED 器件中，能够有效地提高器件亮度[107,112,113]。

除此之外，S.A.Jenekhe 课题组对喹啉类电子传输材料做了较多研究。2004年，T.W.Kwon 等[114]报道了 3 个树枝状喹啉类衍生物，其中具有代表性的为分子 47（如图 3-21）。将它们作为电子传输材料，能够显著提高基于 MEH-PPV 器件的性能。之后，该课题组报道了一系列可溶液加工的喹啉类电子传输材料，例如：2010 年，T.Earmme 等[115]报道的 TQB（如图 3-21，分子式 48）。TQB 具有深 HOMO/LUMO 能级（-6.82/-3.42eV），电子注入和空穴阻挡性能优异，且具有高电子迁移率 $3.6 \times 10^{-4} cm^2/(V \cdot s)@3.8 \times 10^5 V/cm$。溶液加工的 TQB 薄膜作为电子传输／空穴阻挡层配合 FIrpic 作为发光材料制备的蓝光磷光 OLED 获得了高器件效率，甚至优于许多蒸镀器件，在亮度为 $2790cd/m^2$ 时的电流效率为 28.3cd/A（对应的 EQE=15.5%），并具有较低的效率滚降。之后，E.Ahmed 等[116]在 TQB 的基础上进行改进，报道了 TMQB、TFQB 和 TPyQB（如图 3-21，分子式 49～51）。将溶液加工蓝光磷光 OLED 器件的效率进一步提高到 LE=30.5cd/A 和 EQE=16%，是当时报道的聚合物蓝光磷光 OLED 中的最高效率。

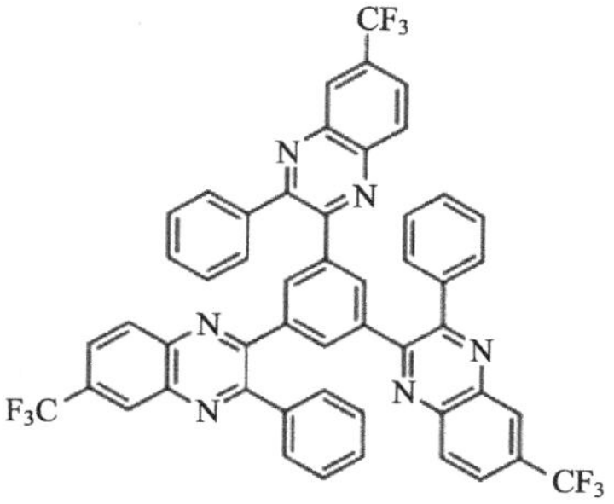

图 3-21

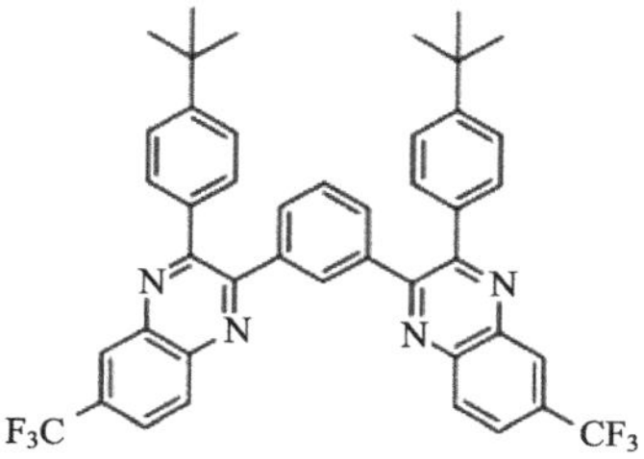

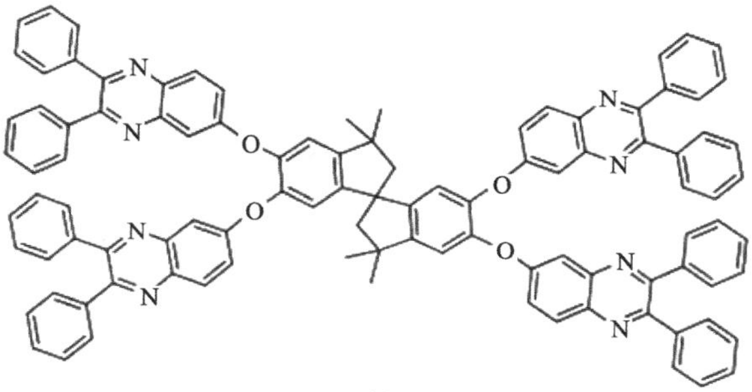

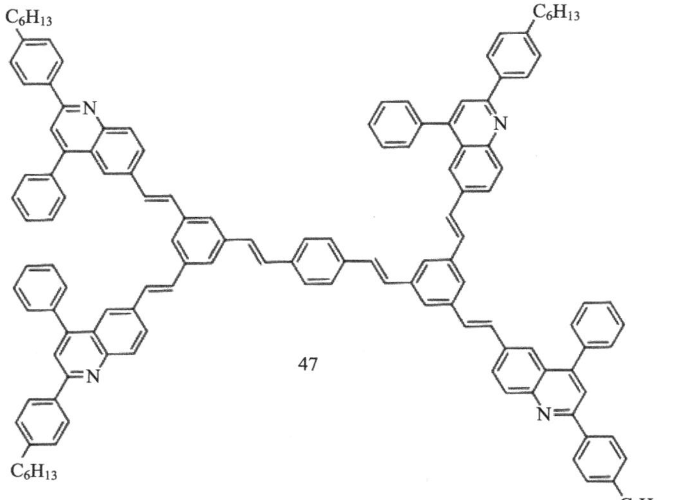

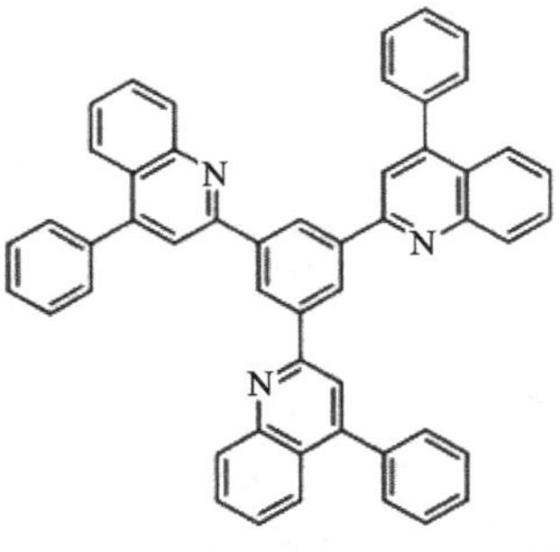
48

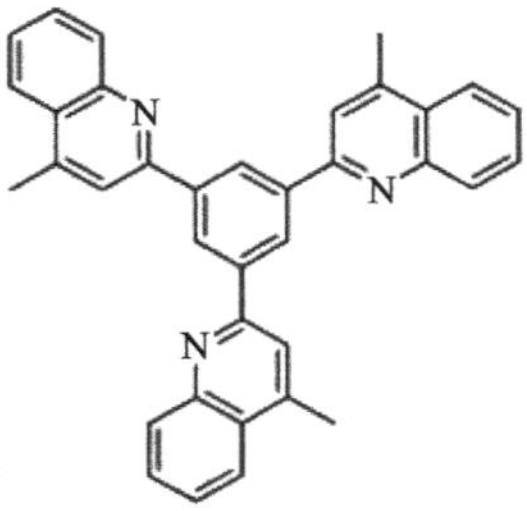
49

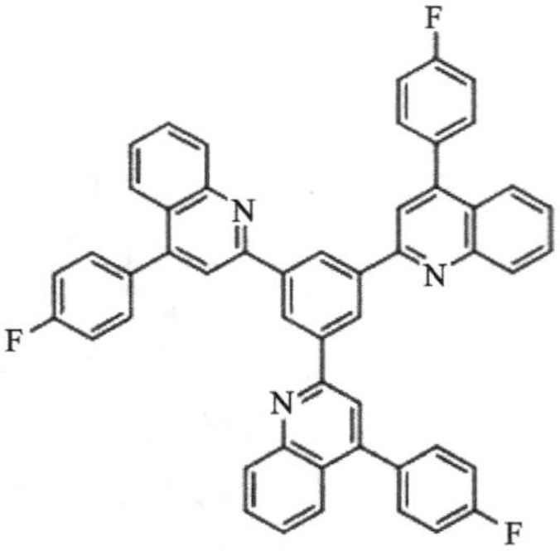
50

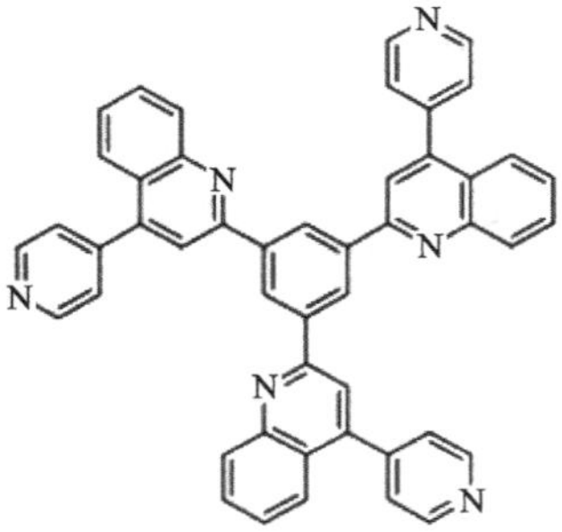
51

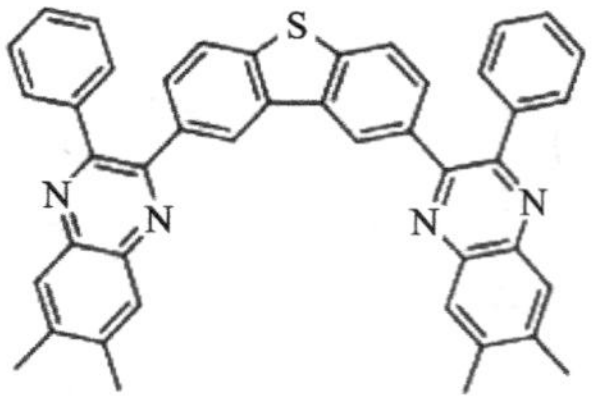
52

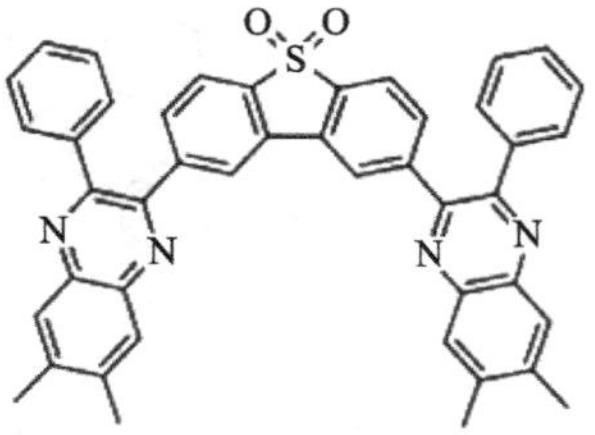
53

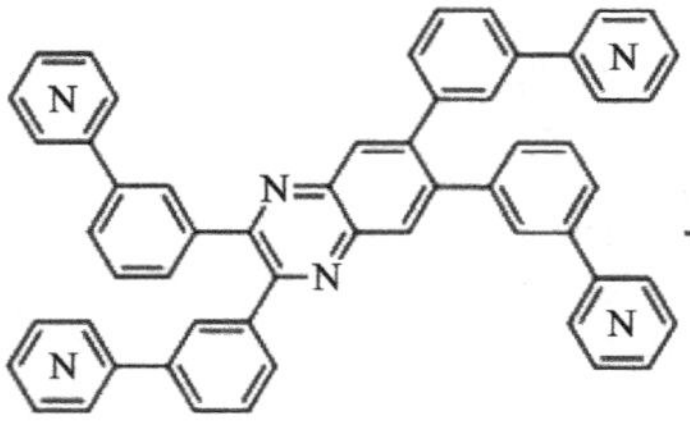
54

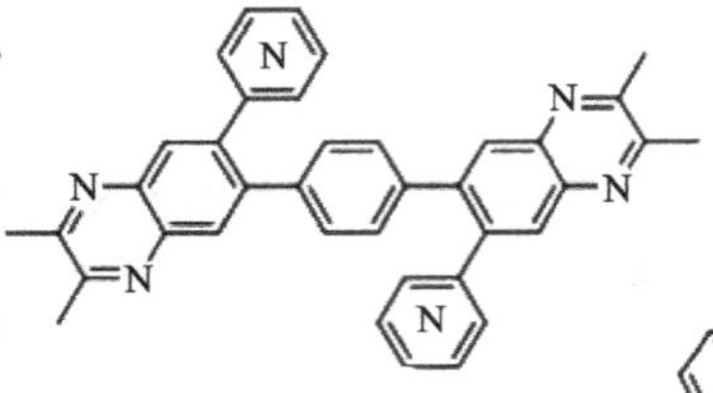
55

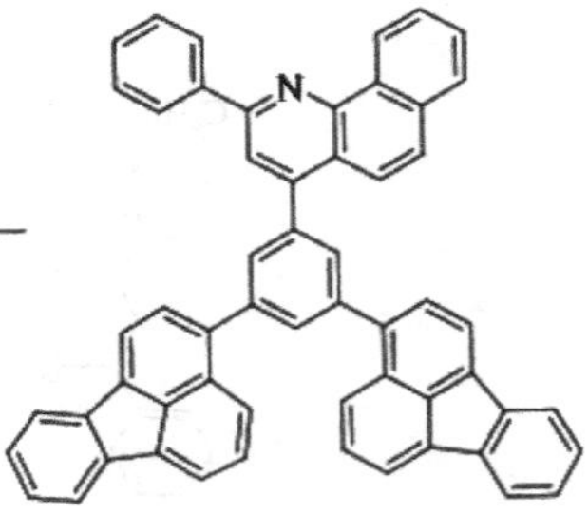
56

图 3-21　喹啉 / 喹喔啉类电子传输材料的分子式

其他课题组也开发了一些喹啉类电子传输材料。H.W.Schmidt 课题组在 1999 年报道了无定型的 spiro-quz（如图 3-21，分子 46），其玻璃化转变温度为 155℃，具有良好的空穴阻挡性能，作为电子传输层用在 PPV 器件中，将器件亮度从 4cd/m^2 提高到了 260cd/m^2[117,118]。2006 年，T.H.Huang 等 [119] 合成了 2 个喹喔啉电子传输材料（如图 3-21，分子 52 和 53），二者具有较高的玻璃化转变温度和电子迁移率，作为黄光双层器件的电子传输材料，在 100mA/cm^2 的电流密度下，可实现 4.94 lm/W 的功率效率和 1.62cd/A 的电流效率（对应的 EQE 为 1.41%）。2016 年，C.L.Yang 课题组 [120] 报道了 4 个含吡啶单元的喹喔啉电子传输材料（如图 3-21，分子 54 和 55），这些材料具有优异的电子注入性能和热稳定性（T_g 为 112 ～ 148℃），在基于 FIrpic 的蓝光磷光 OLED 器件中，这些电子传输材料获得了良好的性能，最大电流效率为 30.2cd/A（EQE_{max}=14.2%），并且高亮度下效率滚降很小。M.C.Suh 课题组[121] 在 2017 年报道了一个基于荧蒽和苯并喹啉的电子传输材料 FRT-PBQ（如图 3-21，分子式 56）。FRT-PBQ 具有高玻璃化转变温度（184℃），但三线态能级较低，仅为 2.18eV，电子迁移率为 $1.66 \times 10 cm^2/(V \cdot s)$。将 FRT-PBQ 应用于 OLED 中，显示出非常好的器件性能。尤其是在基于 FRT-PBQ 的溶液加工红光磷光 OLED 器件具有出色的器件效率以及显著提高的寿命。

（4）咪唑类电子传输材料

苯 / 菲并咪唑衍生物被证明有利于电子注入和空穴阻挡，同时具有出色的稳定性，可用作 OLED 的主体和电子传输材料而备受关注。其中，最为经典的苯并咪唑电子传输材料是 TPBi[122]（如图 3-22，分子式 57），它具有高三线态能级（2.7eV），高电子迁移率［约 $10^{-5} cm^2/(V \cdot s)$］，高玻璃化转变温度（120℃），以及深 HOMO/LUMO 能级（-6.3/-2.7eV），而被广泛地应用于红绿蓝 OLED 器件中。

华中科技大学 L.Wang 课题组[123,124] 报道了一系列菲并咪唑衍生物（如图 3-22，分子式 58 ～ 61）。其中含蒽单元的分子作为电子注入 / 传输层用于 OLED 器件中获得了比 Alq$_3$ 器件更高的效率和稳定性。而含吡啶单元的分子具有较高的热稳定性（T_d 为 310 ～ 368℃）。其中，CNPI-p3Py（分子式 61）具有较深的 HOMO/LUMO 能级（-5.98/-2.81eV），高电子迁移率［约 $10^{-3} cm^2/$ (V·s)］，以及高三线态能级（2.53eV），作为电子传输层用于蓝光荧光 OLED 中，获得了良好的性能，启亮电压为 2.8V，最大电流效率为 15.17cd/A，最大功率效率为 10.651m/W，最大外量子效率为 7.75%，以及非常小的效率滚降，当亮度达到 10000cd/m^2，EQE 仍保持在 7.48%。

2009 年，L.Wang 课题组[125] 报道了一系列线型和星型的苯并咪唑电子传输 / 空穴阻挡材料（如图 3-22，分子 62 ～ 66），这些分子具有较深的 HOMO/LUMO 能级，并表现出良好的热和形貌稳定性。其中以三嗪为核的星型分子（分子式 65）已被证明是 OLED 中的一种高效电子传输 / 空穴阻挡材料，性能可与常用电子传输材料 Alq$_3$ 相媲美。

2015 年，W.Huang 课题组[126] 在 TPBi 的基础上，改变苯并咪唑基团的连接位点、引入缺电子的氰基，报道了 iTPBI-CN（如图 3-22，分子式 67），简化了合成过程，提高了玻璃化转变温度（T_g=139℃），加深了 LUMO 能级。在 CBP 和 mCP 为主体的溶液加工绿光磷光 OLED 器件中，分别获得了 37.7cd/A/29.01m/W 和 31.3cd/A/23.9 lm/W 的效率。同一年，S.Yi 等[127] 报道了 4 个苯并咪唑取代的硅烷电子传输材料（如图 3-22，分子式 68 ～ 71），随着苯并咪唑单元数量的增加，电子注入性能有所提高，热稳定性也逐渐提高（T_g 从 100℃提高到 141℃）。在基于 $Ir(ppy)_3$ 的绿光磷光器件中，分子式 70 获得了 LE_{max}=62.6cd/A、EQE_{max}=18% 的高效率，并且在高电流密度下效率滚降很小。苯并咪唑基团也与芳香烃蒽单元结合使用以构建有效的电子传输材料，例如，ZADN（如图 3-22，分子式 72），通常用作提高器件寿命的高效电子传输材料 [128-130]，以及 2017 年清华大学 L.Duan 课题组 [131] 开发的 BPBiPA（如图 3-22，分子式 73）。虽然 BPBiPA 的三线态能级较低，但分子中的两个苯并咪唑单元可以在空间上屏蔽低三线态的蒽核，从而抑制三重态激子猝灭。将 BPBiPA 作为电子传输层制备了一种高效天蓝光 TADF 器件，其 EQE_{max} 达到 21.3%。

57

58

59

60

61

62

63

64

65

66

67

68

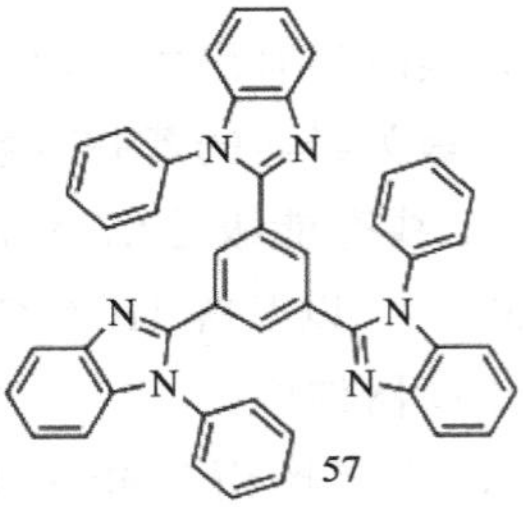

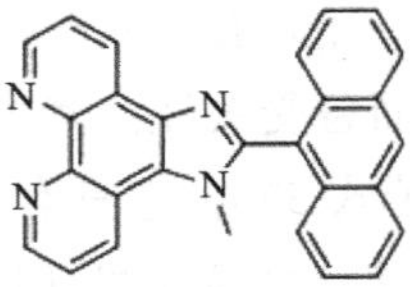

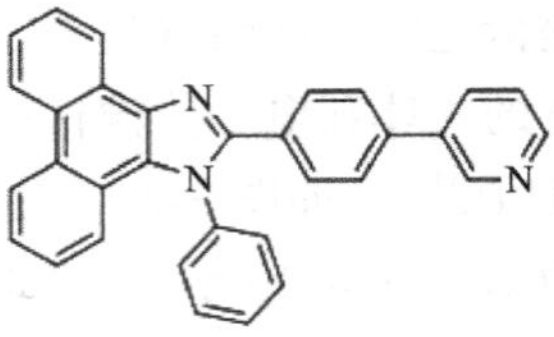

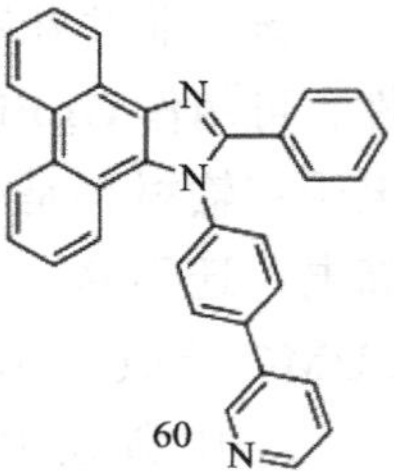

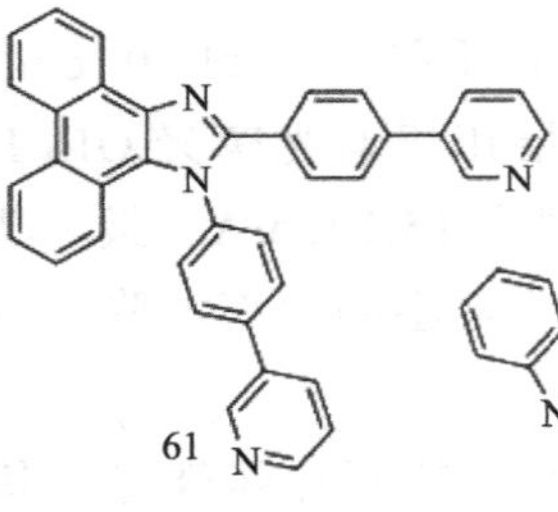

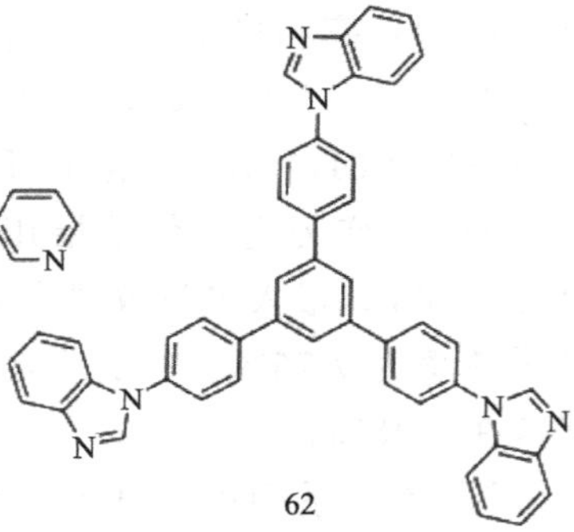

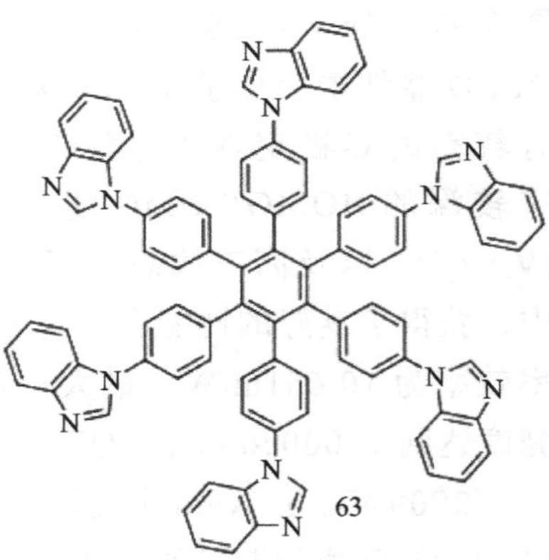

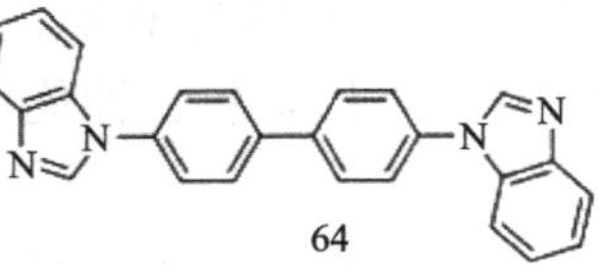

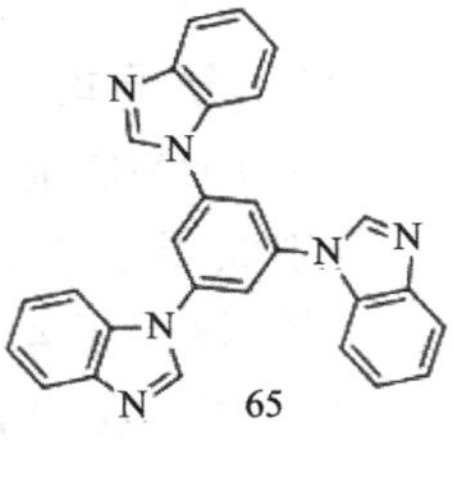

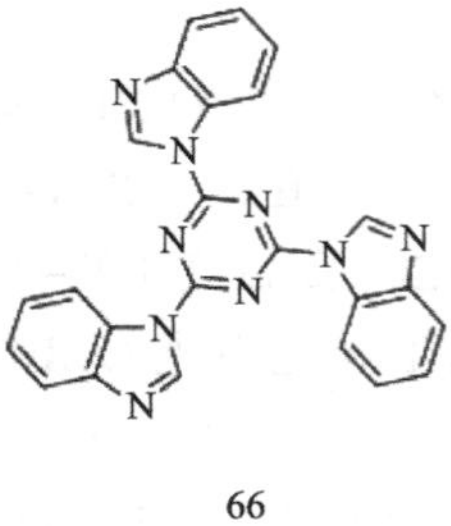

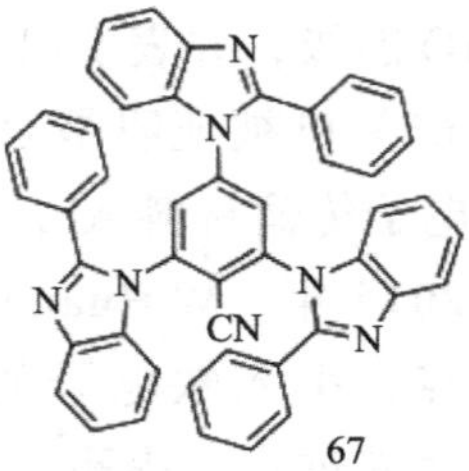

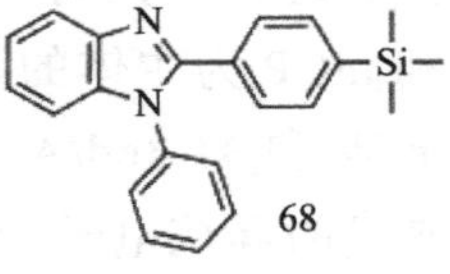

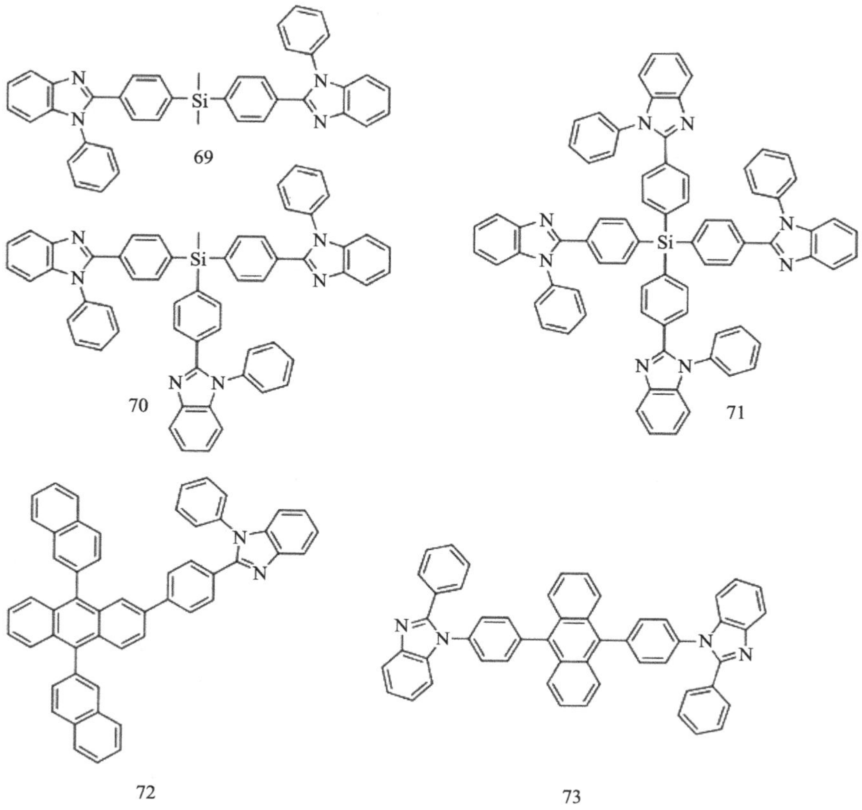

图 3-22　咪唑类电子传输材料的分子式

3.5　器件的优化

钙钛矿电致发光器件的外量子效率是衡量其电致发光性能最重要的参数，其表达式为[132,133]：

$$EQE = IQE \times \eta_{out} = \gamma \eta_r \eta_{PL} \eta_{out} \tag{3-4}$$

式中，γ 是注入电荷载流子平衡因子；η_r 是发生辐射衰减的激子占总激子数量的比例；η_{PL} 是光致发光效率；η_{out} 是器件的光取出效率；IQE 为内量子效率。因此，要提高钙钛矿的电致发光性能，需要从平衡电荷载流子注入、光致发光效率、光取出效率等几个因素入手，这就需要选择合适的钙钛矿材料、优化器件结构、改善薄膜的加工工艺。

3.5.1　材料工程

如前文所述，在传统的三维钙钛矿电致发光器件中电子和空穴以自由电荷载体为主，自由电荷载流子的双分子复合速率明显低于缺陷辅助复合速率，限制了辐射复合。而在钙钛矿电致发光器件中，较大的激子束缚能有助于限制自由载流子为电子-空穴对（激子）；另一方面通过空间限制载流子可以提高钙钛矿电致发光器件中局部载流子密度，从而在较低的载流子密度下达到峰值发光效率。从这些角度来看，降低钙钛矿材料的维度或减小钙钛矿晶粒尺寸（从微米到纳米）是实现空间限制电荷载流子（高激子束缚能）的有效途径。

引入大体积的或长链有机分子（中间层配体）到三维钙钛矿中是降低钙钛矿维度的常用策略。这种策略可以更好地钝化钙钛矿缺陷，从而有效抑制非辐射复合通道。准二维钙钛矿同时具有强量子限域和介电效应，一方面可以有效地束缚电荷载流子产生激子；另一方面也可以获得更大的激子束缚能在器件运行过程抑制激子的分离，从而提高辐射复合效率。黄维等人制备了一种基于多量子阱的红色钙钛矿发光器件，外量子效率高达 11.7%，器件优异的性能来源于量子阱间的快速能量转移，从而避免激子猝灭[134]。2018 年，游经碧等人[135]对 PEA_2 $(FAPbBr_3)_{n-1}PbBr_4$ 准二维钙钛矿进行精确的组分和相调控，并利用 TOPO 对准二维钙钛矿进行钝化，进一步提高了器件效率，相应的绿光钙钛矿电致发光器件的最大外量子效率为 14.36%。B.P.Rand 等人[136]研究了不同有机胺卤素添加剂对钙钛矿电致发光器件柔性和性能的影响，基于 4-FPMAI 的红光柔性准二维钙钛矿电致发光器件实现了 13% 的外量子效率。狄大卫和 R.H.Friend 等人[137]把 poly-HEMA 与准二维钙钛矿 $(NMA)_2(FA)_{m-1}Pb_mI_{3m+1}$ 共混，实现了激子的超快转移过程（< 1ps）。这种超快激子转移过程成功避免了各种非辐射复合通道，制备的钙钛矿电致发光器件的最大外量子效率为 20.1%。

除了三维钙钛矿，具有强量子限域效应和良好表面钝化效果的钙钛矿量子点（或钙钛矿纳米晶）材料是另一种实现高效钙钛矿电致发光器件的候选者。钙钛矿量子点的合成方法主要分为以下几种：热注入法、配体辅助再沉淀法、过饱和重结晶法、超声辅助法、微波辅助法。这些方法合成的钙钛矿量子点材料均具有高的光致发光效率，在电致发光领域具有极大潜力。此外，量子点表面配体具有两面性：一方面，足够的表面配体可以有效钝化钙钛矿的表面缺陷，获得高的光致发光效率；另一方面，过量的表面配体将形成绝缘层，阻碍电荷载流子注入。因此，如何平衡缺陷钝化和载流子注入能力是实现高效钙钛矿量子点电致发光器件的关键问题之一。曾海波等人[138]通过使用金属溴配体（$ZnBr_2$，$MnBr_2$，$GaBr_3$，$InBr_3$）和有机配体（TOAB，DDAB）连用的方法实现了钙钛矿量子点载流子注入和缺陷钝化的平衡，实现了亮度超过 100000cd/m^2、外量子效率为 16.48% 的绿光量子点钙钛矿器件。Kido 等人[139]报道了基于油胺碘（OAM-I）阴离子交换方法的深红光钙钛矿量子点电致发光器件，最大外量子效率为 21.3%。高峰和黄维等人[140]通过引入含有氧原子的 2,2′-[氧二（乙醚）]二乙基胺，提高了对缺陷的钝化效果并减少了非辐射损失，成功实现了外量子效率高达 21.6% 的近红外钙钛矿电致发光器件。

综上所述，从材料工程的角度来看开发新的高效钙钛矿材料的策略主要分为以下三种（图 3-23）：①降低钙钛矿的维度；②选择合适的有机配体分子钝化钙钛矿；③改变钙钛矿发光层的组分，包括投料比和原子种类。

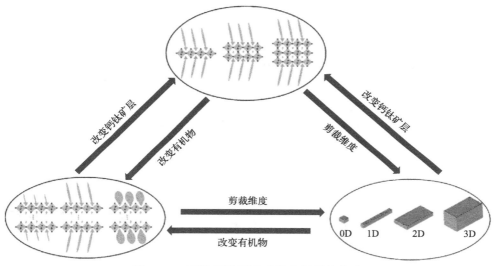

图 3-23　开发高效钙钛矿发光材料的策略

3.5.2　钙钛矿薄膜加工工艺

钙钛矿发光层的薄膜质量也是影响其电致发光性能的关键因素之一。在一步旋涂法中，采用以下策略可以对发光层薄膜的质量进行改善：抑制晶体生长、增加成核点的数目。聚合物和小分子等添加剂可以有效抑制钙钛矿晶体的生长速率，得到光滑均一的钙钛矿薄膜，这种不纯效应可以用 Kossel-Stranskiter-race-step-kink 模型来解释[141]。增加成核位点数目也是得到小尺寸晶粒、高质量钙钛矿发光层的有效方法[142]。非均相成核的活化能远低于均相成核的活化能，因此通过改善基底的润湿性可以有效地促进成核[143]。用 PEI[144] 或者聚乙烯吡咯烷酮（PVP）[145] 对 ZnO 和 NiO_x[146] 功能层进行修饰可以改善钙钛矿溶液在其表面的润湿性并促进钙钛矿晶体的非均相成核，从而得到平滑的钙钛矿薄膜。基于 $ZnO/PVP/Cs_{0.87}MA_{0.13}PbBr_3$ 结构的钙钛矿电致发光器件实现了 10.43% 的外量子效率。在旋涂时提高衬底温度也可以促进钙钛矿晶体生长得到均一致密的钙钛矿发光层[147]。

反溶剂技术是一种广泛使用在钙钛矿太阳能电池中的加工工艺（图 3-24），

使用该技术可以控制钙钛矿晶体的生长得到小尺寸的钙钛矿晶粒和高质量的钙钛矿薄膜，从而对载流子进行空间限制以实现更有效的辐射复合。Tae-Woo Lee 和 Richard H.Friend 等人使用 NCP 反溶剂技术制备的 $MAPbBr_3$ 钙钛矿晶粒平均尺寸为 99.7 nm，并获得了表面覆盖均匀的钙钛矿发光层薄膜。相应的绿光钙钛矿电致发光器件实现了 8.53% 的外量子效率。在该研究中空穴注入层的修饰、晶粒边界金属铅的钝化、薄膜质量的提高和小晶粒尺寸钙钛矿晶体的使用有效抑制了非辐射复合通道，从而实现了外量子效率的大幅提升。钟海政等人使用溴化 3,3- 二苯基丙胺（DPPA-Br）配体辅助再沉淀（LARP）反溶剂技术制备的 $FAPbBr_3$ 钙钛矿晶体的尺寸为 5 ～ 20nm，通过对 LARP 技术的优化得到了高质量的钙钛矿薄膜，相应的钙钛矿电致发光器件最终实现了 16.3% 的最大外量子效率[148]。钙钛矿发光层的加工工艺对薄膜质量有显著影响，因此探索简单可控的加工工艺是未来提高钙钛矿电致发光性能的方向之一。

图 3-24　反溶剂技术示意图[149]

3.5.3　器件工程

从器件工程的角度考虑，要实现高的钙钛矿电致发光效率，一般需要满足以下几个条件：载流子的有效注入、电子和空穴注入平衡、载流子 / 激子限制在钙钛矿发光层中。

目前，提高空穴注入和传输的策略主要有以下三种：①在相邻功能层之间插入中间层实现梯度空穴注入；②对空穴注入层 / 传输层进行修饰形成合适的能级排列；③使用高空穴迁移率的材料。这些策略的使用在提高空穴传输能力的同时也可以获得高质量的发光层薄膜、减少漏电流、避免激子的淬灭效应，从而进一步提高钙钛矿电致发光器件的性能。A.L.Rogach 等人[150]在空穴注入层和发光层之间引入一层 5nm 厚的全氟离子交联聚合物（PFI），使空穴传输层的 HOMO 能级增加了 0.34eV，减少了空穴注入势垒，使器件的亮度增加了 3 倍。Kido 等人[151]使用全氟磺酸对 PEDOT：PSS 进行修饰，减少了 PEDOT：PSS 和空穴传输层聚 [双（4- 苯基）（4- 丁基苯基）胺]（poly-TPD）之间的注入势垒，利用 ITO（130nm）/modified-PEDOT：PSS（40nm）/poly-TPD（20nm）/CsPbBr$_3$/TPBi（50nm）/Liq（1nm）/Al（100nm）的器件结构成功实现了外量子效率为 8.73% 的绿光钙钛矿量子点电致发光器件。曾海波等人[152] 在绿光钙钛矿量子点电致发光器件中，通过使用高迁移率的空穴传输层 poly-TPD［约 1×10^{-4} cm^2/(V·s)］代替低迁移率的空穴传输层 PVK［约 1×10^{-6}cm^2/(V·s)］，通过使用 ITO/PEDOT：PSS（30nm）/poly-TPD（40nm）/CsPbBr$_3$/TPBi（40nm）/LiF（1nm）/Al（100nm）的器件结构使器件的效率提高了 2.6 倍，最终实现了 6.27% 的外量子效率。

在正装器件中，电子传输层和发光层之间的注入势垒一般较小；此外，电子传输层一般采用蒸镀成膜法，所以可以选择蒸镀多层电子传输层的方法来减少电子注入势垒。在倒装器件中，一般使用氧化锌（ZnO）作为电子传输材料。为了实现有效的电子注入和传输，通常使用金属掺杂和界面修饰两种方法对 ZnO 进行处理。目前文献中常使用 Mg 掺杂 ZnO（MgZnO）来减少注入势垒并阻挡空穴。而聚乙烯亚胺（PEI）和乙氧基化聚乙烯亚胺（PEIE）则常被用来对 ZnO 进行界面修饰，界面处理在降低注入势垒的同时，也可以改善钙钛矿的成膜性。W.W.Yu 等人[153] 使用 PEI 修饰的 ZnO 制备了如下结构的器件，实现了 6.3% 的外量子效率。

ITO/PEI-ZnO（50nm）/CsPb(Br/I)$_3$（60nm）/4,4′- 双（咔唑 -9- 基）联苯（CBP）/4,4′,4″- 三（咔唑 -9- 基）三苯胺（TCTA）（50nm）/MoO$_x$/Au。

狄大卫等人[137] 使用 ITO/ZnO/PEI/perovskites/p-type 4,4′,4″- 三（咔唑 -9- 基）三苯胺（TCTA）/MoO$_3$/Au 器件结构制备的准二维近红外钙钛矿电致发光器件实现了 20.1% 的外量子效率。

载流子平衡直接影响钙钛矿的外量子效率。当使用有机材料作为电子传输层时，因为有机电子传输层与钙钛矿发光层之间小的注入势垒常常导致过量的电子注入。研究者一般采用提高空穴注入或减少电子注入的方法来解决这个问题。减少电子注入的方法有很多，如：在电子传输层和钙钛矿发光层之间插入一层绝缘层；使用低电子迁移率的电子传输材料；增加电子传输层厚度；在电子传输层和发光层之间引入空穴传输层。魏展画等人在电子传输层和发光层之间引入薄层绝缘聚合物聚甲基丙烯酸甲酯（PMMA）使电子和空穴的注入更加平衡，通过使用 ITO/PEDOT：PSS/perovskite/PMMA/B3PYMPM/LiF/Al 的器件结构制备的绿光钙钛矿电致发光器件成功将外量子效率从 17% 提高到 20.3%，是钙钛矿在电致发光领域的重大突破[154]。

除此之外，新的器件结构也是实现高效钙钛矿电致发光器件的有效策略。Z.X.Wu 等人[155] 提出一种"绝缘层 - 钙钛矿 - 绝缘层"的器件结构：ITO/LiF（4nm）/perovskite/LiF（8nm）/Bphen（60nm）/LiF（0.8nm）/Al，使用该结构获得致密、光滑、覆盖率高的钙钛矿薄膜的同时，可以实现有效的电荷注入和抑制漏电流的产生，最终实现了 5.53% 的外量子效率。

3.5.4　光取出工艺

　　除了钙钛矿的内量子效率，光取出效率也是影响其电致发光器件外量子效率的重要因素。减少器件内部光学损耗（如波导损失）是提高传统无机电致发光器件光取出效率的有效方法。在可见光范围内，钙钛矿电致发光器件内部钙钛矿层和有机功能层之间大的折射率差异（2.6vs1.7）使器件内部的光在钙钛矿发光层和有机传输层之间的界面处发生折射；因为钙钛矿材料的高吸收系数，部分折射光将会被钙钛矿重新吸收，因此造成高的光损耗，从而降低器件的外量子效率[156-158]。对钙钛矿电致发光器件的光学能量损失进行模拟计算发现，其最大光取出效率约为 20%[159]，这极大限制了钙钛矿电致发光器件的性能上限。目前提高钙钛矿电致发光器件光取出效率的方法主要有两种：①提高钙钛矿发光层自身的光取出；②在器件制备时，在阳极侧或阴极侧使用光取出技术。

　　黄维等人将 5- 氨基戊酸加入钙钛矿前驱体溶液中，成功制备了亚微米尺寸的钙钛矿发光层，这种亚微米结构的钙钛矿发光层具有光取出效果，提高了钙钛矿器件的光取出效率，相应的近红外电致发光器件成功实现了 20.7% 的外量子效率。T.W. Lee 等人[160]通过在器件的玻璃上层使用半透镜来增加光取出，使钙钛矿电致发光器件的外量子效率从 8.64% 提高到 21.81%。唐建新等人在前电极 / 钙钛矿界面使用蛾眼纳米结构提高了光取出效率，使器件的外量子效率从 13.4% 提高到 20.3%；通过使用半透镜进一步增加光取出，钙钛矿电致发光器件的外量子效率提高到 28.2%[161]。

　　综上所述，钙钛矿电致发光器件效率的提升是一个系统工程，各个因素之间不是独立的关系，而是协同效应。因此我们在制备高效钙钛矿电致发光器件的时候需要综合考虑以上几个因素。

参考文献

[1] Zhang Y，Yang H，Chen M，et al. Fusing nanowires into thin films: fabrication of graded-heterojunction perovskite solar cells with enhanced performance [J]. Advanced Energy Materials，2019，9（22）: 1900243.

[2] Liu Y，Siron M，Lu D，et al. Self-assembly of two-dimensional perovskite nanosheet building blocks into ordered ruddlesden-popper perovskite phase [J]. Journal of the American Chemical Society，2019，141（33）: 13028-13032.

[3] Kim Y，Yassitepe E，Voznyy O，et al. Efficient luminescence from perovskite quantum dot solids [J]. Acs Applied Materials & Interfaces，2015，7（45）: 25007-25013.

[4] Nedelcu G, Protesescu L, Yakunin S, et al. Fast anion-exchange in highly luminescent nanocrystals of cesium lead halide perovskites (CsPbX$_3$, X = Cl, Br, I) [J]. Nano Letters, 2015, 15 (8): 5635-5640.

[5] Dong Y, Qiao T, Kim D, et al. Precise control of quantum confinement in cesium lead halide perovskite quantum dots via thermodynamic equilibrium [J]. Nano Letters, 2018, 18 (6): 3716-3722.

[6] Protesescu L, Yakunin S, Bodnarchuk M I, et al. Nanocrystals of cesium lead halide perovskites (CsPbX$_3$, X = Cl, Br, and I): novel optoelectronic materials showing bright emission with wide color gamut [J]. Nano Letters, 2015, 15 (6): 3692-3696.

[7] Schmidt L C, Pertegas A, Gonzalez Carrero S, et al. Nontemplate synthesis of CH$_3$NH$_3$PbBr$_3$ perovskite nanoparticles [J]. Journal of the American Chemical Society, 2014, 136 (3): 850-853.

[8] Zhang F, Zhong H, Chen C, et al. Brightly luminescent and color-tunable colloidal CH$_3$NH$_3$PbX$_3$ (X = Br, I, Cl) quantum dots: potential alternatives for display technology [J]. Acs Nano, 2015, 9 (4): 4533-4542.

[9] Li X, Wu Y, Zhang S, et al. CsPbX$_3$ quantum dots for lighting and displays: room-temperature synthesis, photoluminescence superiorities, underlying origins and white light-emitting diodes [J]. Advanced Functional Materials, 2016, 26 (15): 2435-2445.

[10] Sun S, Yuan D, Xu Y, et al. Ligand-mediated synthesis of shape-controlled cesium lead halide perovskite nanocrystals via reprecipitation process at room temperature [J]. Acs Nano, 2016, 10 (3): 3648-3657.

[11] Huang H, Li Y, Tong Y, et al. Spontaneous crystallization of perovskite nanocrystals in nonpolar organic solvents: A versatile approach for their shape-controlled synthesis [J]. Angewandte Chemie-International Edition, 2019, 58 (46): 16558-16562.

[12] Murray C B, Norris D J, Bawendi M G. Synthesis and characterization of nearly monodisperse CdE (E = S, Se, Te) semiconductor nanocrystallites [J]. Journal of the American Chemical Society, 1993, 115: 8706-8715.

[13] Wei S, Yang Y, Kang X, et al. Room-temperature and gram-scale synthesis of CsPbX$_3$ (X = Cl, Br, I) perovskite nanocrystals with 50%-85% photoluminescence quantum yields [J]. Chemical Communications, 2016, 52 (45): 7265-7268.

[14] Bekenstein Y, Koscher B A, Eaton S W, et al. Highly luminescent colloidal nanoplates of perovskite cesium lead halide and their oriented assemblies [J]. Journal of the American Chemical Society, 2015, 137 (51): 16008-16011.

[15] Liang Z, Zhao S, Xu Z, et al. Shape-controlled synthesis of all-inorganic CsPbBr$_3$ perovskite nanocrystals with bright blue emission [J]. Acs Applied Materials & Interfaces, 2016, 8 (42): 28824-28830.

[16] Pan A, He B, Fan X, et al. Insight into the ligand-mediated synthesis of colloidal CsPbBr$_3$ perovskite nanocrystals: the role of organic acid, base, and cesium precursors [J]. Acs Nano,

2016, 10 (8): 7943-7954.

[17] Pankove J I, Lampert M A. Model for electroluminescence in GaN [J]. Physical Review Letters, 1974, 33 (6): 361-365.

[18] Lorenz M R. Visible light from semiconductors: luminescence from p-n junctions and potential uses of solid state light sources are discussed [J]. 1968, 159 (3822): 1419-1423.

[19] Cao Y, Wang N, Tian H, et al. Perovskite light-emitting diodes based on spontaneously formed submicrometre-scale structures [J]. Nature, 2018, 562 (7726): 249-253.

[20] Hassan Y, Park J H, Crawford M L, et al. Ligand-engineered bandgap stability in mixed-halide perovskite LEDs [J]. Nature, 2021, 591 (7848): 72-77.

[21] Xu W, Hu Q, Bai S, et al. Rational molecular passivation for high-performance perovskite light-emitting diodes [J]. Nature Photonics, 2019, 13 (6): 418-424.

[22] Chu Z, Ye Q, Zhao Y, et al. Perovskite light-emitting diodes with external quantum efficiency exceeding 22% via small-molecule passivation [J]. Advanced Materials, 2021, 33 (18): 2007169.

[23] Gangishetty M K, Hou S, Quan Q, et al. Reducing architecture limitations for efficient blue perovskite light-emitting diodes [J]. Advanced Materials, 2018, 30 (20): 1706226.

[24] Wu H, Zhang Y, Zhang X, et al. Enhanced stability and performance in perovskite nanocrystal light-emitting devices using a ZnMgO interfacial layer [J]. Advanced Optical Materials, 2017, 5 (20): 1700377.

[25] Xie J, Hang P, Wang H, et al. Perovskite bifunctional device with improved electroluminescent and photovoltaic performance through interfacial energy-band engineering [J]. Advanced Materials, 2019, 31 (33): 1902543.

[26] Liu A, Bi C, Guo R, et al. Electroluminescence principle and performance improvement of metal halide perovskite light-emitting diodes [J]. Advanced Optical Materials, 2021, 9 (18): 2002167.

[27] Cao M, Xu Y, Li P, et al. Recent advances and perspectives on light emitting diodes fabricated from halide metal perovskite nanocrystals [J]. Journal of Materials Chemistry C, 2019, 7 (46): 14412-14440.

[28] Li J, Bade S G R, Shan X, et al. Single-layer light-emitting diodes using organometal halide perovskite/poly (ethylene oxide) composite thin films [J]. Advanced Materials, 2015, 27 (35): 5196-5202.

[29] Bade S G R, Li J, Shan X, et al. Fully printed halide perovskite light-emitting diodes with silver nanowire electrodes [J]. Acs Nano, 2016, 10 (2): 1795-1801.

[30] Kim Y H, Cho H, Heo J H, et al. Multicolored organic/inorganic hybrid perovskite light-emitting diodes [J]. Advanced Materials, 2015, 27 (7): 1248-1254.

[31] Liu Z, Qiu W, Peng X, et al. Perovskite light-emitting diodes with EQE exceeding 28% through a synergetic dual-additive strategy for defect passivation and nanostructure regulation [J]. Advanced Materials, 2021, 33 (43): 2103268.

[32] Shi Z, Li S, Li Y, et al. Strategy of solution-processed all-inorganic heterostructure for humidity/temperature-stable perovskite quantum dot light-emitting diodes [J]. Acs Nano, 2018, 12 (2): 1462-1472.

[33] Shi Z, Li Y, Li S, et al. Localized surface plasmon enhanced all-inorganic perovskite quantum dot light-emitting diodes based on coaxial core/shell heterojunction architecture [J]. Advanced Functional Materials, 2018, 28 (20): 1707031.

[34] Zhu L, Cao H, Xue C, et al. Unveiling the additive-assisted oriented growth of perovskite crystallite for high performance light-emitting diodes [J]. Nature Communications, 2021, 12 (1): 5081.

[35] Queisser H J, Haller E E. Defects in semiconductors: some fatal, some vital [J]. Science, 1998, 281: 945-950.

[36] Guo Y, Wang Q, Saidi W A. Structural stabilities and electronic properties of high-angle grain boundaries in perovskite cesium lead halides [J]. Journal of Physical Chemistry C, 2017, 121 (3): 1715-1722.

[37] Ten Brinck S, Infante I. Surface termination, morphology, and bright photoluminescence of cesium lead halide perovskite nanocrystals [J]. Acs Energy Letters, 2016, 1 (6): 1266-1272.

[38] Brandt R E, Poindexter J R, Gorai P, et al. Searching for "Defect-Tolerant" photovoltaic materials: combined theoretical and experimental screening [J]. Chemistry of Materials, 2017, 29 (11): 4667-4674.

[39] Houtepen A J, Hens Z, Owen J S, et al. On the origin of surface traps in colloidal II-VI semiconductor nanocrystals [J]. Chemistry of Materials, 2017, 29 (2): 752-761.

[40] Zhang Q, Su R, Du W, et al. Advances in small perovskite-based lasers [J]. Small Methods, 2017, 1 (9): 1700163.

[41] Kanemitsu Y, Handa T. Photophysics of metal halide perovskites: from materials to devices [J]. Japanese Journal of Applied Physics, 2018, 57 (9): 090101.

[42] Yan F, Xing J, Xing G, et al. Highly efficient visible colloidal lead-halide perovskite nanocrystal light-emitting diodes [J]. Nano Letters, 2018, 18 (5): 3157-3164.

[43] Kim Y H, Kim J S, Lee T W. Strategies to improve luminescence efficiency of metal-halide perovskites and light-emitting diodes [J]. Advanced Materials, 2019, 31 (47): 1804595.

[44] Zou W, Li R, Zhang S, et al. Minimising efficiency roll-off in high-brightness perovskite light-emitting diodes[J]. Nature Communications, 2018, 9 (1): 608.

[45] Xing G, Wu B, Wu X, et al. Transcending the slow bimolecular recombination in lead-halide perovskites for electroluminescence [J]. Nature Communications, 2017, 8 (1): 14558.

[46] Wehrenfennig C, Eperon G E, Johnston M B, et al. High charge carrier mobilities and lifetimes in organolead trihalide perovskites [J]. Advanced Materials, 2014, 26 (10): 1584-1589.

[47] Yamada Y, Nakamura T, Endo M, et al. Photocarrier recombination dynamics in perovskite $CH_3NH_3PbI_3$ for solar cell applications [J]. Journal of the American Chemical Society, 2014,

136（33）：11610-11613.

[48] Zhang D, Yang Y, Bekenstein Y, et al. Synthesis of composition tunable and highly luminescent cesium lead halide nanowires through anion-exchange reactions [J]. Journal of the American Chemical Society, 2016, 138（23）：7236-7239.

[49] Kang J, Wang L W. High defect tolerance in lead halide perovskite CsPbBr$_3$ [J]. Journal of Physical Chemistry Letters, 2017, 8（2）：489-493.

[50] Kovalenko M V, Protesescu L, Bodnarchuk M I. Properties and potential optoelectronic applications of lead halide perovskite nanocrystals [J]. Science, 2017, 358（6364）：745-750.

[51] Swarnkar A, Chulliyil R, Ravi V K, et al. Colloidal CsPbBr$_3$ perovskite nanocrystals：luminescence beyond traditional quantum dots [J]. Angewandte Chemie-International Edition, 2015, 54（51）：15424-15428.

[52] Fan P, Zhang D, Wu Y, et al. Polymer-modified ZnO nanoparticles as electron transport layer for polymer-based solar cells [J]. Advanced Functional Materials, 2020, 30（32）：2002932.

[53] Yan W, Ye S, Li Y, et al. Hole-transporting materials in inverted planar perovskite solar cells [J]. Advanced Energy Materials, 2016, 6（17）：1600474.

[54] Yang C, Yunlong L, Morrissey T, et al. Dopant-free molecular hole transport material that mediates a 20% power conversion efficiency in a perovskite solar cell [J]. Energy & Environmental Science, 2019, 12（12）：3502-3507.

[55] Jiang K, Wang J, Wu F, et al. Dopant-free organic hole-transporting material for efficient and stable inverted all-inorganic and hybrid perovskite solar cells [J]. Advanced Materials, 2020, 32（16）：1908011.

[56] Wang Y, Chen W, Wang L, et al. Dopant-free small-molecule hole-transporting material for inverted perovskite solar cells with efficiency exceeding 21% [J]. Advanced Materials, 2019, 31（35）：1902781.

[57] Wang Y, Liao Q, Chen J, et al. Teaching an old anchoring group new tricks：enabling low-cost, eco-friendly hole-transporting materials for efficient and stable perovskite solar cells [J]. Journal of the American Chemical Society, 2020, 142（39）：16632-16643.

[58] Wan L, Zhang W, Fu S, et al. Achieving over 21% efficiency in inverted perovskite solar cells by fluorinating a dopant-free hole transporting material [J]. Journal of Materials Chemistry A, 2020, 8（14）：6517-6523.

[59] Sun X, Li Z, Yu X, et al. Efficient inverted perovskite solar cells with low voltage loss achieved by a pyridine-based dopant-free polymer semiconductor [J]. Angewandte Chemie-International Edition, 2021, 60（13）：7227-7233.

[60] Jang C H, Harit A K, Lee S, et al. Sky-blue-emissive perovskite light-emitting diodes：crystal growth and interfacial control using conjugated polyelectrolytes as a hole transporting layer [J]. Acs Nano, 2020, 14（10）：13246-13255.

[61] Li W, Liu C, Li Y, et al. Polymer assisted small molecule hole transport layers toward highly efficient inverted perovskite solar cells [J]. Solar Rrl, 2018, 2（11）：1800173.

[62] Cho H, Wolf C, Kim J S, et al. High-efficiency solution-processed inorganic metal halide perovskite light-emitting diodes [J]. Advanced Materials, 2017, 29 (31): 1700579.

[63] Zheng D, Yang G, Zheng Y, et al. Carbon nano-onions as a functional dopant to modify hole transporting layers for improving stability and performance of planar perovskite solar cells [J]. Electrochimica Acta, 2017, 247: 548-557.

[64] Liu D, Li Y, Yuan J, et al. Improved performance of inverted planar perovskite solar cells with F4-TCNQ doped PEDOT: PSS hole transport layers [J]. Journal of Materials Chemistry A, 2017, 5 (12): 5701-5708.

[65] Wang Q, Bi C, Huang J. Doped hole transport layer for efficiency enhancement in planar heterojunction organolead trihalide perovskite solar cells [J]. Nano Energy, 2015, 15: 275-280.

[66] Yoon E, Jang K Y, Park J, et al. Understanding the synergistic effect of device architecture design toward efficient perovskite light - emitting diodes using interfacial layer engineering [J]. Advanced Materials Interfaces, 2020, 8 (3): 2001712.

[67] Lee H D, Kim H, Cho H, et al. Efficient ruddlesden-popper perovskite light-emitting diodes with randomly oriented nanocrystals [J]. Advanced Functional Materials, 2019, 29 (27): 1901225.

[68] Liu X, Cheng Y, Liu C, et al. 20.7% highly reproducible inverted planar perovskite solar cells with enhanced fill factor and eliminated hysteresis [J]. Energy & Environmental Science, 2019, 12 (5): 1622-1633.

[69] Chen Y, Yang Z, Wang S, et al. Design of an inorganic mesoporous hole-transporting layer for highly efficient and stable inverted perovskite solar cells [J]. Advanced Materials, 2018, 30 (52): 1805660.

[70] Huang C F, Keshtov M L, Chen F C. Cross-linkable hole-transport materials improve the device performance of perovskite light-emitting diodes [J]. Acs Applied Materials & Interfaces, 2016, 8 (40): 27006-27011.

[71] Kang S, Jillella R, Jeong J, et al. Improved electroluminescence performance of perovskite light-emitting diodes by a new hole transporting polymer based on the benzocarbazole moiety [J]. Acs Applied Materials & Interfaces, 2020, 12 (46): 51756-51765.

[72] Zou Y, Ban M, Yang Y, et al. Boosting perovskite light-emitting diode performance via tailoring interfacial contact [J]. Acs Applied Materials & Interfaces, 2018, 10 (28): 24320-24326.

[73] Zhang S, Stolterfoht M, Armin A, et al. Interface engineering of solution-processed hybrid organohalide perovskite solar cells [J]. Acs Applied Materials & Interfaces, 2018, 10 (25): 21681-21687.

[74] Lu J, Feng W, Mei G, et al. Ultrathin PEDOT: PSS enables colorful and efficient perovskite light-emitting diodes [J]. Advanced Science, 2020, 7 (11): 2000689.

[75] Liu Y F, Zhang Y F, Xu M, et al. Enhanced performance of perovskite light-emitting devices

with improved perovskite crystallization [J]. Ieee Photonics Journal, 2017, 9 (1): 1-8.

[76] Chen K, Hu Q, Liu T, et al. Charge-carrier balance for highly efficient inverted planar heterojunction perovskite solar cells [J]. Advanced Materials, 2016, 28 (48): 10718-10724.

[77] Tanaka D, Takeda T, Chiba T, et al. Novel electron-transport material containing boron atom with a high triplet excited energy level [J]. Chemistry Letters, 2007, 36 (2): 262-263.

[78] Eom S H, Zheng Y, Wrzesniewski E, et al. Effect of electron injection and transport materials on efficiency of deep-blue phosphorescent organic light-emitting devices [J]. Organic Electronics, 2009, 10 (4): 686-691.

[79] Su S J, Tanaka D, Li Y J, et al. Novel four-pyridylbenzene-armed biphenyls as electron-transport materials for phosphorescent OLEDs [J]. Organic Letters, 2008, 10 (5): 941-944.

[80] Su S J, Chiba T, Takeda T, et al. Pyridine-containing triphenylbenzene derivatives with high electron mobility for highly efficient phosphorescent OLEDs [J]. Advanced Materials, 2008, 20 (11): 2125-2130.

[81] Su S J, Takahashi Y, Chiba T, et al. Structure-property relationship of pyridine-containing triphenyl benzene electron-transport materials for highly efficient blue phosphorescent OLEDs [J]. Advanced Functional Materials, 2009, 19 (8): 1260-1267.

[82] Su S J, Sasabe H, Pu Y J, et al. Tuning energy levels of electron-transport materials by nitrogen orientation for electrophosphorescent devices with an 'Ideal' operating voltage [J]. Advanced Materials, 2010, 22 (30): 3311-3316.

[83] Sasabe H, Chiba T, Su S J, et al. 2-Phenylpyrimidine skeleton-based electron-transport materials for extremely efficient green organic light-emitting devices [J]. Chemical Communications, 2008, (44): 5821-5823.

[84] Sasabe H, Tanaka D, Yokoyama D, et al. Influence of substituted pyridine rings on physical properties and electron mobilities of 2-Methylpyrimidine skeleton-based electron transporters [J]. Advanced Functional Materials, 2011, 21 (2): 336-342.

[85] Kamata T, Sasabe H, Watanabe Y, et al. A series of fluorinated phenylpyridine-based electron-transporters for blue phosphorescent OLEDs [J]. Journal of Materials Chemistry C, 2016, 4 (5): 1104-1110.

[86] Sasabe H, Sato R, Suzuki K, et al. Ultrahigh power efficiency thermally activated delayed fluorescent OLEDs by the strategic use of electron-transport materials [J]. Advanced Optical Materials, 2018, 6 (17): 1800376.

[87] Xiao L X, Su S J, Agata Y, et al. Nearly 100% internal quantum efficiency in an organic blue-light electrophosphorescent device using a weak electron transporting material with a wide energy gap [J]. Advanced Materials, 2009, 21 (12): 1271-1274.

[88] Ichikawa M, Wakabayashi K, Hayashi S, et al. Bi-or ter-pyridine tris-substituted benzenes as electron-transporting materials for organic light-emitting devices [J]. Organic Electronics, 2010, 11 (12): 1966-1973.

[89] Ichikawa M, Yamamoto T, Jeon H G, et al. Benzene substituted with bipyridine and

terpyridine as electron-transporting materials for organic light-emitting devices [J]. Journal of Materials Chemistry, 2012, 22 (14): 6765-6773.

[90] Li N, Wang P F, Lai S L, et al. Synthesis of multiaryl-substituted pyridine derivatives and applications in non-doped deep-blue OLEDs as electron-transporting layer with high hole-blocking ability [J]. Advanced Materials, 2010, 22 (4): 527-530.

[91] Oh H Y, Lee C, Lee S. Efficient blue organic light-emitting diodes using newly-developed pyrene-based electron transport materials [J]. Organic Electronics, 2009, 10 (1): 163-169.

[92] Jeon W S, Hyoung-Yun O, Park J S, et al. High mobility electron transport material with pyrene moiety for organic light-emitting diodes (OLEDs) [J]. Molecular Crystals and Liquid Crystals, 2011, 550: 311-319.

[93] Sun Y D, Duan L, Zhang D Q, et al. A pyridine-containing anthracene derivative with high electron and hole mobilities for highly efficient and stable fluorescent organic light-emitting diodes [J]. Advanced Functional Materials, 2011, 21 (10): 1881-1886.

[94] Wang B, Mu G Y, Lv X L, et al. Tuning electron injection/transporting properties of 9,10-diphenylanthracene based electron transporters via optimizing the number of peripheral pyridine for highly efficient fluorescent OLEDs [J]. Organic Electronics, 2016, 34: 187-195.

[95] Zhang D D, Qiao J, Zhang D Q, et al. Ultrahigh-efficiency green PHOLEDs with a voltage under 3 V and a power efficiency of nearly 110 lm/w at luminance of 10 000 cd/m^2 [J]. Advanced Materials, 2017, 29 (40): 1702847.

[96] Togashi K, Nomura S, Yokoyama N, et al. Low driving voltage characteristics of triphenylene derivatives as electron transport materials in organic light-emitting diodes [J]. Journal of Materials Chemistry, 2012, 22 (38): 20689-20695.

[97] Watanabe T, Sasabe H, Owada T, et al. Chrysene-based electron-transporters realizing highly efficient and stable phosphorescent OLEDs [J]. Chemistry Letters, 2019, 48 (5): 457-460.

[98] Jeon S O, Yook K S, Lee J Y. Pyridine substituted spirofluorene derivative as an electron transport material for high efficiency in blue organic light-emitting diodes [J]. Thin Solid Films, 2010, 519 (2): 890-893.

[99] Bian M Y, Zhang D D, Wang Y X, et al. Long-lived and highly efficient TADF-PhOLED with "(A)(n)-D-(A)(n)" structured terpyridine electron-transporting material [J]. Advanced Functional Materials, 2018, 28 (28): 1800429.

[100] Bian M Y, Wang Y X, Guo X, et al. Positional isomerism effect of spirobifluorene and terpyridine moieties of "(A)(n)-D-(A)(n)" type electron transport materials for long-lived and highly efficient TADF-PhOLEDs [J]. Journal of Materials Chemistry C, 2018, 6 (38): 10276-10283.

[101] Adachi C, Tsutsui T, Saito S. Organic electroluminescent device having a hole conductor as an emitting layer [J]. Applied Physics Letters, 1989, 55 (15): 1489-1491.

[102] Hamada Y, Adachi C, Tsutsui T, et al. Blue-light-emitting organic electroluminescent devices with oxadiazole dimer dyes as an emitter [J]. Japanese Journal of Applied Physics Part

1-Regular Papers Short Notes & Review Papers, 1992, 31（6A）: 1812-1816.

[103] Tsutsui T, Aminaka E I, Fujita Y, et al. Molecular design of organic-dyes for thin-film electroluminescent diodes [J]. Synthetic Metals, 1993, 57（1）: 4157-4162.

[104] Oyston S, Wang C S, Hughes G, et al. New 2, 5-diaryl-1, 3, 4-oxadiazole-fluorene hybrids as electron transporting materials for blended-layer organic light emitting diodes [J]. Journal of Materials Chemistry, 2005, 15（1）: 194-203.

[105] Bettenhausen J, Strohriegl P. Efficient synthesis of starburst oxadiazole compounds [J]. Advanced Materials, 1996, 8（6）: 507-510.

[106] Bettenhausen J, Strohriegl P. Dendrimers with 1,3,4-oxadiazole units, 1. Synthesis and characterization [J]. Macromolecular Rapid Communications, 1996, 17（9）: 623-631.

[107] Bettenhausen J, Greczmiel M, Jandke M, et al. Oxadiazoles and phenylquinoxalines as electron transport materials [J]. Synthetic Metals, 1997, 91（1-3）: 223-228.

[108] Salbeck J, Yu N, Bauer J, et al. Low molecular organic glasses for blue electroluminescence [J]. Synthetic Metals, 1997, 91（1-3）: 209-215.

[109] Wu C A, Chou H H, Shih C H, et al. Synthesis and physical properties of meta-terphenyloxadiazole derivatives and their application as electron transporting materials for blue phosphorescent and fluorescent devices [J]. Journal of Materials Chemistry, 2012, 22（34）: 17792-17799.

[110] Shih C H, Rajamalli P, Wu C A, et al. A high triplet energy, high thermal stability oxadiazole derivative as the electron transporter for highly efficient red, green and blue phosphorescent OLEDs [J]. Journal of Materials Chemistry C, 2015, 3（7）: 1491-1496.

[111] Shih C H, Rajamalli P, Wu C A, et al. A universal electron-transporting/exciton-blocking material for blue, green, and red phosphorescent organic light-emitting diodes（OLEDs）[J]. Acs Applied Materials & Interfaces, 2015, 7（19）: 10466-10474.

[112] Jandke M, Strohriegl P, Berleb S, et al. Phenylquinoxaline polymers and low molar mass glasses as electron-transport materials in organic light-emitting diodes [J]. Macromolecules, 1998, 31（19）: 6434-6443.

[113] Redecker M, Bradley D D C, Jandke M, et al. Electron transport in starburst phenylquinoxalines [J]. Applied Physics Letters, 1999, 75（1）: 109-111.

[114] Kwon T W, Alam M M, Jenekhe S A. n-type conjugated dendrimers: convergent synthesis, photophysics, electroluminescence, and use as electron-transport materials for light-emitting diodes [J]. Chemistry of Materials, 2004, 16（23）: 4657-4666.

[115] Earmme T, Ahmed E, Jenekhe S A. Solution-processed highly efficient blue phosphorescent polymer light-emitting diodes enabled by a new electron transport material [J]. Advanced Materials, 2010, 22（42）: 4744-4748.

[116] Ahmed E, Earmme T, Jenekhe S A. New solution-processable electron transport materials for highly efficient blue phosphorescent OLEDs [J]. Advanced Functional Materials, 2011, 21（20）: 3889-3899.

[117] Schmitz C, Posch P, Thelakkat M, et al. Efficient screening of electron transport material in multi-layer organic light emitting diodes by combinatorial methods [J]. Physical Chemistry Chemical Physics, 1999, 1 (8): 1777-1781.

[118] Schmitz C, Posch P, Thelakkat M, et al. Polymeric light-emitting diodes based on poly (p-phenylene ethynylene), poly (triphenyldiamine), and spiroquinoxaline [J]. Advanced Functional Materials, 2001, 11 (1): 41-46.

[119] Huang T H, Whang W T, Shen J Y, et al. Dibenzothiophene/oxide and quinoxaline/pyrazine derivatives serving as electron-transport materials [J]. Advanced Functional Materials, 2006, 16 (11): 1449-1456.

[120] Yin X J, Sun H D, Zeng W X, et al. Manipulating the LUMO distribution of quinoxaline-containing architectures to design electron transport materials: Efficient blue phosphorescent organic light-emitting diodes [J]. Organic Electronics, 2016, 37: 439-447.

[121] Park S R, Shin D H, Park S M, et al. Benzoquinoline-based fluoranthene derivatives as electron transport materials for solution-processed red phosphorescent organic light-emitting diodes [J]. Rsc Advances, 2017, 7 (45): 28520-28526.

[122] Hung W Y, Ke T H, Lin Y T, et al. Employing ambipolar oligofluorene as the charge-generation layer in time-of-flight mobility measurements of organic thin films [J]. Applied Physics Letters, 2006, 88 (6): 064102.

[123] Wang R Y, Jia W L, Aziz H, et al. 1-Methyl-2- (anthryl)-imidazo 4, 5-f 1, 10-phenanthroline: A highly efficient electron-transport compound and a bright blue-light emitter for electroluminescent devices [J]. Advanced Functional Materials, 2005, 15 (9): 1483-1487.

[124] Wang B, Mu G Y, Tan J H, et al. Pyridine-containing phenanthroimidazole electron-transport materials with electron mobility/energy-level trade-off optimization for highly efficient and low roll-off sky blue fluorescent OLEDs [J]. Journal of Materials Chemistry C, 2015, 3 (29): 7709-7719.

[125] White W, Hudson Z M, Feng X D, et al. Linear and star-shaped benzimidazolyl derivatives: syntheses, photophysical properties and use as highly efficient electron transport materials in OLEDs [J]. Dalton Transactions, 2010, 39 (3): 892-899.

[126] Wang F F, Hu J, Cao X D, et al. A low-cost phenylbenzoimidazole containing electron transport material for efficient green phosphorescent and thermally activated delayed fluorescent OLEDs [J]. Journal of Materials Chemistry C, 2015, 3 (21): 5533-5540.

[127] Yi S, Kim J H, Bae W R, et al. Silicon-based electron-transport materials with high thermal stability and triplet energy for efficient phosphorescent OLEDs [J]. Organic Electronics, 2015, 27: 126-132.

[128] Song W, Lee J Y. Lifetime extension of blue phosphorescent organic light-emitting diodes by suppressing triplet-polaron annihilation using a triplet emitter doped hole transport layer [J]. Organic Electronics, 2017, 49: 152-156.

[129] Choi J M, Lee J Y. Triplet emitter doped exciton harvesting layer for improved efficiency and long lifetime in blue phosphorescent organic light-emitting diodes [J]. Synthetic Metals, 2016, 220: 573-577.

[130] Cui L S, Xie Y M, Wang Y K, et al. Pure hydrocarbon hosts for approximate to 100% exciton harvesting in both phosphorescent and fluorescent light-emitting devices [J]. Advanced Materials, 2015, 27 (28): 4213-4217.

[131] Zhang D D, Wei P C, Zhang D Q, et al. Sterically shielded electron transporting material with nearly 100% internal quantum efficiency and long lifetime for thermally activated delayed fluorescent and phosphorescent OLEDs [J]. Acs Applied Materials & Interfaces, 2017, 9 (22): 19040-19047.

[132] Shan Q S, Song J Z, Zou Y S, et al. High performance metal halide perovskite light-emitting diode: from material design to device optimization [J]. Small, 2017, 13 (45): 1701770.

[133] Schwartz G, Reineke S, Rosenow T C, et al. Triplet harvesting in hybrid white organic light-emitting diodes [J]. Advanced Functional Materials, 2009, 19 (9): 1319-1333.

[134] Wang N N, Cheng L, Ge R, et al. Perovskite light-emitting diodes based on solution-processed self-organized multiple quantum wells [J]. Nature Photonics, 2016, 10 (11): 699-704.

[135] Yang X L, Zhang X W, Deng J X, et al. Efficient green light-emitting diodes based on quasi-two-dimensional composition and phase engineered perovskite with surface passivation [J]. Nature Communications, 2018, 9: 1-8.

[136] Zhao L F, Rolston N, Lee K M, et al. Influence of bulky organo-ammonium halide additive choice on the flexibility and efficiency of perovskite light-emitting devices [J]. Advanced Functional Materials, 2018, 28 (31): 1802060.

[137] Zhao B D, Bai S, Kim V, et al. High-efficiency perovskite-polymer bulk heterostructure light-emitting diodes [J]. Nature Photonics, 2018, 12 (12): 783-789.

[138] Song J Z, Fang T, Li J H, et al. Organic-inorganic hybrid passivation enables perovskite QLEDs with an EQE of 16.48% [J]. Advanced Materials, 2018, 30 (50): 1805409.

[139] Chiba T, Hayashi Y, Ebe H, et al. Anion-exchange red perovskite quantum dots with ammonium iodine salts for highly efficient light-emitting devices [J]. Nature Photonics, 2018, 12 (11): 681-687.

[140] Xu W D, Hu Q, Bai S, et al. Rational molecular passivation for high-performance perovskite light-emitting diodes [J]. Nature Photonics, 2019, 13 (6): 418-424.

[141] Chausov F F. Effect of adsorbed impurities on the crystal growth of poorly soluble salts from slightly supersaturated solutions [J]. Theoretical Foundations of Chemical Engineering, 2008, 42 (2): 179-186.

[142] Kim M K, Jeon T, Park H I, et al. Effective control of crystal grain size in $CH_3NH_3PbI_3$ perovskite solar cells with a pseudohalide Pb (SCN)$_2$ additive [J]. Crystengcomm, 2016, 18 (32): 6090-6095.

[143] Salim T, Sun S Y, Abe Y, et al. Perovskite-based solar cells: impact of morphology and device architecture on device performance [J]. Journal of Materials Chemistry A, 2015, 3 (17): 8943-8969.

[144] Wang J P, Wang N N, Jin Y Z, et al. Interfacial control toward efficient and low-voltage perovskite light-emitting diodes [J]. Advanced Materials, 2015, 27 (14): 2311-2316.

[145] Zhang L Q, Yang X L, Jiang Q, et al. Ultra-bright and highly efficient inorganic based perovskite light-emitting diodes [J]. Nature Communications, 2017, 8: 1-8.

[146] Chih Y K, Wang J C, Yang R T, et al. NiO$_x$ electrode interlayer and CH$_3$NH$_2$/CH$_3$NH$_3$PbBr$_3$ interface treatment to markedly advance hybrid perovskite-based light-emitting diodes [J]. Advanced Materials, 2016, 28 (39): 8687-8694.

[147] Tidhar Y, Edri E, Weissman H, et al. Crystallization of methyl ammonium lead halide perovskites: implications for photovoltaic applications [J]. Journal of the American Chemical Society, 2014, 136 (38): 13249-13256.

[148] Han D B, Imran M, Zhang M J, et al. Efficient light-emitting diodes based on in situ fabricated FAPbBr$_3$ nanocrystals: The enhancing role of the ligand-assisted reprecipitation process [J]. Acs Nano, 2018, 12 (8): 8808-8816.

[149] Taylor A D, Sun Q, Goetz K P. A general approach to high-efficiency perovskite solar cells by any antisolvent[J]. Nature Communications, 2021, 12: 1878.

[150] Zhang X Y, Lin H, Huang H, et al. Enhancing the brightness of cesium lead halide perovskite nanocrystal based green light-emitting devices through the interface engineering with perfluorinated lonomer [J]. Nano Letters, 2016, 16 (2): 1415-1420.

[151] Chiba T, Hoshi K, Pu Y J, et al. High-efficiency perovskite quantum-dot light-emitting devices by effective washing process and interfacial energy level alignment [J]. Acs Applied Materials & Interfaces, 2017, 9 (21): 18054-18060.

[152] Li J H, Xu L M, Wang T, et al. 50-Fold EQE improvement up to 6.27% of solution-processed all-inorganic perovskite CsPbBr$_3$ QLEDs via surface ligand density control [J]. Advanced Materials, 2017, 29 (5): 1603885.

[153] Zhang X Y, Sun C, Zhang Y, et al. Bright perovskite nanocrystal films for efficient light-emitting devices [J]. Journal of Physical Chemistry Letters, 2016, 7 (22): 4602-4610.

[154] Lin K B, Xing J, Quan L N, et al. Perovskite light-emitting diodes with external quantum efficiency exceeding 20 percent [J]. Nature, 2018, 562 (7726): 245-248.

[155] Shi Y F, Wu W, Dong H, et al. A strategy for architecture design of crystalline perovskite light-emitting diodes with high performance [J]. Advanced Materials, 2018, 30 (25): 1800251.

[156] Chen C W, Hsiao S Y, Chen C Y, et al. Optical properties of organometal halide perovskite thin films and general device structure design rules for perovskite single and tandem solar cells [J]. Journal of Materials Chemistry A, 2015, 3 (17): 9152-9159.

[157] Yokoyama D. Molecular orientation in small-molecule organic light-emitting diodes [J].

Journal of Materials Chemistry, 2011, 21 (48): 19187-19202.

[158] Meng S S, Li Y Q, Tang J X. Theoretical perspective to light outcoupling and management in perovskite light-emitting diodes [J]. Organic Electronics, 2018, 61: 351-358.

[159] Zhao L F, Lee K M, Roh K, et al. Improved outcoupling efficiency and stability of perovskite light-emitting diodes using thin emitting layers [J]. Advanced Materials, 2019, 31 (2): 1805836.

[160] Park M H, Park J, Lee J, et al. Efficient perovskite light-emitting diodes using polycrystalline core-shell-mimicked nanograins [J]. Advanced Functional Materials, 2019, 29 (22): 1902017.

[161] Shen Y, Cheng L P, Li Y Q, et al. High-efficiency perovskite light-emitting diodes with synergetic outcoupling enhancement [J]. Advanced Materials, 2019, 31 (24): 1901517.

第 4 章

钙钛矿光电材料的其他应用

4.1 光电探测器

光电探测器是一种可以将光信号（如紫外线、可见光和近红外光）转换为电信号的装置。在成像系统、环境监测、光通信和生物传感中起着重要的作用。一般来说，光电探测器的工作原理包括 3 个过程：①吸收入射光产生载流子；②载流子的迁移；③载流子的收集以提供电流的输出信号。用于评估光电探测器性能的参数主要包括光响应、外量子效率（EQE）、光电导增益（G）、明暗电流比和响应时间（光电流上升时间 t_r 和衰减时间 t_d）等。目前，关于二维层状钙钛矿材料研究在发光与太阳能电池领域较多，而在光电探测器方面研究较少。

二维层状钙钛矿材料相比于单纯的有机聚合物材料，具有更加优异的载流子传输性能，而相比于纯无机材料，更容易成膜，可以通过一步法获得均匀致密的薄膜且不需要高温退火，并且由于其独特的结构及性质，例如量子限制效应和可调带隙，可以显示出可调谐的光响应。与传统的三维钙钛矿相比，二维层状钙钛矿中的有机成分提供了结构多样性。如前所述，二维层状钙钛矿材料已经在光伏器件、电致发光等领域取得了突破性进展，所以基于二维层状钙钛矿材料有望研制出新一代低成本、高性能的光电探测器。2015 年，Ahmad 等[1] 制备了基于纯二维钙钛矿材料 $(C_6H_9C_2H_4NH_3)_2PbI_4$ 的光电探测器 [图 4-1（a）]，通过加入电子和空穴传输层极大地提高了光电流，在钙钛矿活性层中加入 TiO_2 纳米颗粒可进一步提高光电流，最终在波长为 508nm 的光照下实现了 10% 的 EQE，如图 4-1（b）所示。2016 年，Zhou 等 [2] 制备了具有不同 n 值的二维层状钙钛矿材料 $(BA)_2(MA)_{n-1}Pb_nI_{3n+1}$（$n=1,2,3$）器件，结构如图 4-1（c）所示，随后研究了它们的光电性质并且将其用于制备光电探测器。由于不同的 n 值对应不同的带隙，因此可以得到不同波段的光响应，响应时间为毫秒量级。白光照射下，$n=3$ 的器件在光电流、响应度、光电流 / 暗电流比和响应时间方面表现更优，这是由于其较小的带隙及较致密的薄膜（$n=1,2,3$ 薄膜的带隙分别为 2.33eV，2.11eV，2.00eV），偏压为 30V 在功率为 3.0mW/cm^2 的白光照射下，$n=1,2,3$ 对应器件的响应度分别为 3.00mA/W，7.31mA/W，12.78mA/W，图 4-1（d）为不同 n 值器件的线性动态范围。同年，Tan 等 [3] 合成了单晶二维钙钛矿 $(BA)_2PbBr_4$ 纳米片，并制备了器件结构如图 4-1（e）所示的单个单晶薄片的光电探测器，电极采用石墨烯叉指电极，实现了 2100A/W 的响应度、10^{-10}A 的暗电流及 10^3 的光电流 / 暗电流比，图 4-1（f）为不同光强的 J-V 曲线。2017 年，Li 等 [4] 研究了二维钙钛矿 $BA_2MA_2Pb_3Br_{10}$ 的铁电性质及其单晶光电探测器的性能，获得了极低的暗电流（10^{-12}A）、较大的光电流 / 暗电流比（2.5×10^3）及超快的响应速度（150μs），如图 4-1（g）、（h）所示。

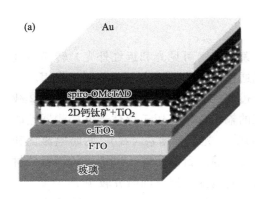

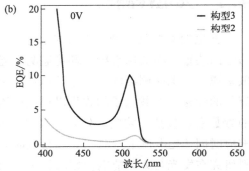

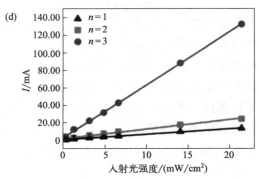

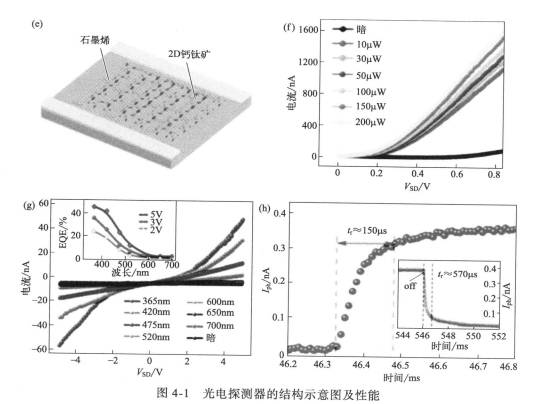

图 4-1 光电探测器的结构示意图及性能

（a）Au/HTL/CHPI/mp-TiO₂/c-TiO₂/FTO 光电探测器结构示意图；（b）器件的 EQE 光谱 [1]；
（c）(BA)₂(MA)ₙ₋₁PbₙI₃ₙ₊₁ 光电探测器结构示意图；（d）光电探测器光电流和入射光强度之间的
线性关系 [2]；（e）具有石墨烯叉指电极的光电探测器示意图；（f）器件的电流 - 电压曲线 [3]；
（g）光电探测器的光响应；（h）光电流响应的放大视图 [4]

目前，二维层状钙钛矿材料在光电探测器方面的研究报道相对较少，但也取得了一些研究进展并显示了良好的应用前景。探索制备工艺简单且光电性能优异的二维层状钙钛矿材料光电探测器是研究者们努力的方向。

若从具体结构来看，光电探测器具有两端或三端器件结构。如图 4-2 所示，两端器件包括光电二极管和光电导体，其中光电导体的横向结构和垂直结构均可根据需要灵活选择和设计，光电二极管总是垂直堆叠，类似于光伏配置。三端器件主要是指带有源极、漏极和栅极的光电晶体管，具有更复杂的结构，其固有的放大功能使内部光电流增益成倍增加。光电探测器中的一种重要类型是能够表现出本征光电流放大（增益）的光电导体，光活性层位于两个电极之间，在光照条件下，光活性层中载流子的浓度增加，电导率增加，通过对电流的测量进而实现对光的探测。由于超长的载流子扩散长度、高吸收和可调谐的光吸收谱段以及高载流子迁移率和载流子寿命，钙钛矿材料是非常优秀的光电探测器活性层的候选者[5]。

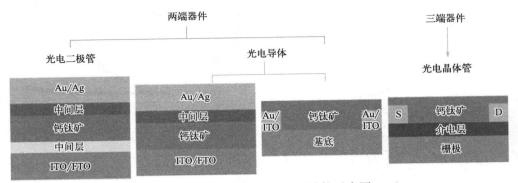

图 4-2　钙钛矿光电探测器的结构示意图

4.1.1　光电导体

　　光电导体的工作原理是基于光导效应，即材料的导电性在光照下发生变化。无 p-n 结的光电导体通常在外加电场下分离光生载流子的电子 - 空穴对。由于单个被吸收的光子可以产生更多的导电电子，这种类型的光电探测器与光电二极管相比具有独特的光电导增益。除了光生电荷，电极还可以在应用偏压下注入电荷，从而产生超过 100% 的外量子效率（EQE）值。根据结构的不同，光电导体可分为垂直型和横向型。钙钛矿多晶薄膜是制备垂直光电导体的常用材料，它积累了大量的光生电荷，在低电压驱动下表现出优异的响应性能。横向钙钛矿光电导体主要由一维（1D）纳米线和二维（2D）纳米片等低维材料构成，由于传输距离较长，目前需要较大的工作电压。

　　Lian 等人[6]通过缓慢冷却结晶法，成功合成了大尺寸的 $MAPbI_3$ 单晶块体，并将其与摩擦纳米发电机相结合制备了自供电的光电导型探测器，与相同结构的多晶薄膜光电探测器相比，基于单晶材料的光电导型探测器显示出了更高的响应度、响应速度和开关比，如图 4-3（a）所示。Yu 等人[7]报道了一种基于 ZnO 纳米棒 $/CH_3NH_3PbI_3$ 异质结和 MoO_3 空穴传输层的垂直结构光电导型光电探测器，该传感层对从紫外光到整个可见光区域（250 ～ 800nm）的宽带波长敏感，具有高的响应度（24.3A/W），在波长 500nm 处具有高的探测率（$3.56×10^{14}$Jones）。其响应度在波长 300nm 处也达到了 3.9A/W。Liu 等人[8]利用反温度法制备了高质量的 $MAPbBr_3$ 单晶材料，并将其应用到光电导型的光电探测器中［图 4-3（b）］，获得了超高的探测率（$6×10^{13}$ Jones），这一性能远高于广泛应用的商业硅探测器和 InGaAs 探测器。2019 年，申德振课题组通过反温度结晶法制备了

MAPbCl₃ 单晶基的光电探测器[9]［图 4-3（c）］，低缺陷密度和高载流子迁移率使其展现出良好的光响应性能，并且在长期工作中展现出良好的稳定性。

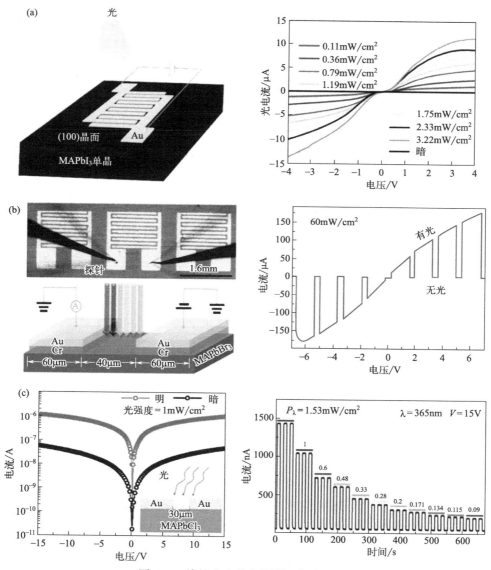

图 4-3　单晶光电导探测器和性能表征

（a）MAPbI₃ 单晶[6]；（b）MAPbBr₃ 单晶[8]；（c）MAPbCl₃ 单晶[9]

　　2015 年，严清峰课题组[10]通过缓慢冷却结晶方法，成功合成了尺寸大于 1cm 的高质量 MAPbI₃ 单晶块体，并将其与摩擦纳米发电机相结合制备了自供电的光电导型探测器，与相同结构的多晶薄膜光电探测器相比，基于单晶材料的光电导型探测器显示出了更高的响应度、响应速度和开关比。2019 年，Cheng 等人[11]利用两步分步反温度结晶方法获得了高结晶质量的 MAPbCl$_3$ 单晶块体，其表现出 0.0447° 的窄摇摆曲线半峰宽度、$7.9 \times 10^9 cm^{-3}$ 的低缺陷密度和高达 64cm^2/(V·s) 的载流子迁移率。集成到光电导型光电探测器中，在 415nm 处实现了高达 3.73A/W 的响应度和 9.97×10^{11}Jones 的探测率，如图 4-4 所示。在良好光响应性能的基础上，该器件还表现出了较高的稳定性。

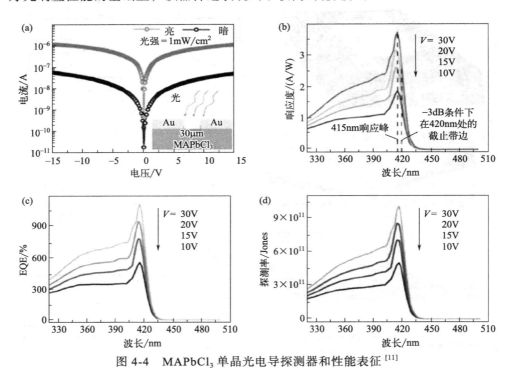

图 4-4　MAPbCl$_3$ 单晶光电导探测器和性能表征[11]

4.1.2　光电二极管

光电二极管型光电探测器的核心部分是半导体结（p-n、p-i-n 等），其结构类似于太阳能电池[12]。光电二极管可以吸收入射光，以内嵌电场或外部电压为原始驱动力，并以光生载流子的形式传输电信号。近年来，基于钙钛矿的光电探测器就属于这一类，具有线性度好、噪声低、超快的光响应速度和灵敏的探测率等优异的光电性能[13]。在已报道的钙钛矿光电探测器中，界面工程和缺陷钝化被广泛用于改善多晶钙钛矿层或单晶[14,15]。更重要的是，光电二极管可以调整不同的探测波长（紫外光、可见光、红外光、X 射线或 γ 射线）。

Dou 等人[16]报道了一种基于有机 - 无机杂化钙钛矿的 p-i-n 型光电二极管，如图 4-5（a）所示。共制备了三种类型，分别是无缓冲层的光电二极管、以

BCP 和 PFN 为阴极缓冲层的光电二极管。经过分析发现以 PFN 为阴极缓冲层的光电二极管可以在 350 ～ 750nm 范围内实现约 10^5 的整流比和 10^{14}Jones 的高探测率 [图 4-5（b）]。Lin 等人 [17] 报道了以 ITO/ PEDOT：PSS 为阳极 [图 4-5（c）]，钙钛矿作为同质结，以及用氟化锂优化的银作为阴极的光电二极管，并且结合 50nm 的 $PC_{60}BM$ 和 130nm 的 C_{60} 层作为缓冲层。因为由 $PC_{60}BM$ 和 C_{60} 组成的电子传输 / 空穴阻挡层对钙钛矿层的总体覆盖效果最佳，富勒烯夹层可以起到促进电子提取的作用，即使在反向偏压下也能够有效地阻止空穴的反注入以抑制暗电流。此器件在紫外 - 可见光范围内具有高于 10^{12}Jones 的高探测率。

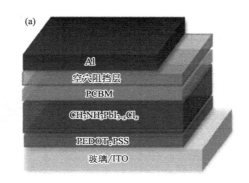

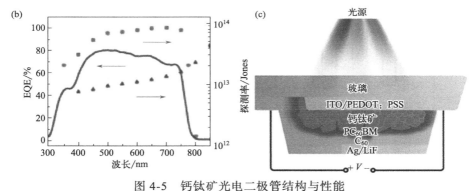

图 4-5　钙钛矿光电二极管结构与性能

（a）钙钛矿光探测器的器件结构；（b）钙钛矿光探测器在不同波长下的外量子
效率和探测率 [16]；（c）有机金属卤化物钙钛矿光电二极管结构 [17]

　　Chen 等人 [18] 利用疏水界面限制横向晶体生长方法在空穴传输层 PTAA 覆盖的 ITO 基底上分别直接生长了横向尺寸可达毫米级、厚度为几微米至几十微米的高质量 $MAPbI_3$ 和 $MAPbBr_3$ 单晶薄膜，并依次旋涂电子传输层 BCP 和缓冲层 C_{60} 制备了垂直结构的 p-i-n 型自驱动光电探测器。由于钙钛矿单晶材料的低缺陷密度和高载流子迁移率，该单晶薄膜光电探测器在室温条件下表现出了低暗电流、低噪声电流和高探测率等优异的光电特性。

半导体器件的光电特性与薄膜的形貌密切相关，根据 Ou Zhenghai 的最新报道[19]，对使用喷雾法制备的 CsPbBr$_3$ 薄膜加入聚甲基丙烯酸甲酯（PMMA）可以完全消除晶体间的空隙，并大大降低薄膜的表面粗糙度。因此，将此薄膜应用到 Au/CsPbBr$_3$(PMMA)/ITO 这种简单的垂直结构，可以改善光电探测器的光电性能，改良后的器件性能如图 4-6。加入 PMMA 后，光电探测器的暗电流

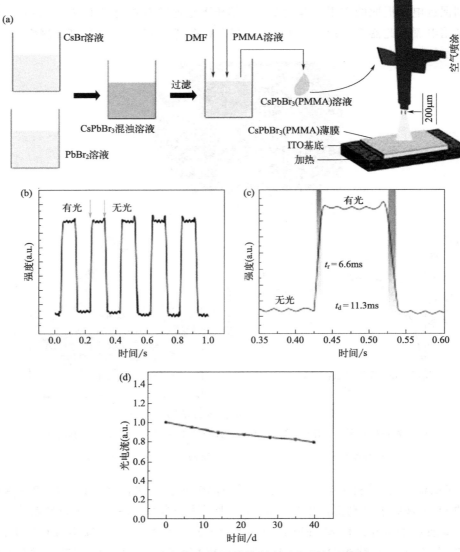

图 4-6　改良光电探测器的制备过程与性质[19]

（a）为喷涂示意图；（b）、（c）、（d）分别为含 2.39 %（质量分数）PMMA 的 CsPbBr$_3$
光电探测器的光响应曲线、光电流上升时间和衰减时间、归一化光电流

降低了约 80%，光电探测器表现出良好的光响应。在 400 ～ 510nm 的光照条件下，计算出响应度为 3.70 ～ 5.20A/W，响应速度较好，光电流上升时间为 6.6ms，衰减时间为 11.3ms。另外，这种无机钙钛矿光电探测器即使不封装，在湿度为 20% 的空气环境下放置 40 天后，其器件响应度只衰减 20%，表现出良好的稳定性。

2017 年，Yang 等人[20] 通过施加外部压力的方法来限制晶体的生长空间，从而实现对晶体厚度的调节，同时通过基底表面修饰实现了可控的成核过程，生长出了厚度可控的大面积 MAPbBr$_3$ 单晶薄膜。在此基础上制备了高性能的单晶薄膜光电探测器，该光电探测器表现出了 70GHz 的增益带宽积和超高的灵敏度，同时也实现了 200 个光子的脉冲弱信号探测。此外，他们还系统地研究了基于不同厚度的钙钛矿单晶薄膜光电探测器的性能，揭示了材料厚度对器件性能的影响。同年，Shi 等人[21] 利用溶剂蒸发方法制备了 MA$_{1-x}$EA$_x$PbI$_3$（x=0.10 ～ 0.24）和 MA$_{1-y}$DMA$_y$PbI$_3$（y=0.08 ～ 0.13）单晶块体，并分别在晶体的顶部和底部沉积了 25nm 厚的金电极和液体 Ga 电极，制备了垂直结构的光电二极管。与 MAPbI$_3$ 单晶相比，基于上述两种单晶材料的光电二极管显示出了较长的载流子扩散长度和优异的稳定性，如图 4-7 所示。

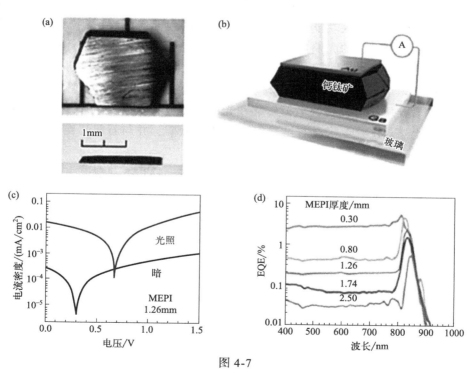

图 4-7

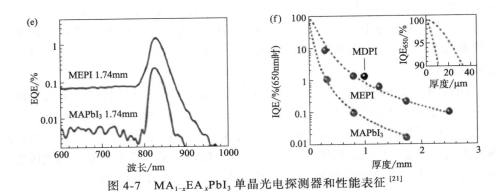

图 4-7 $MA_{1-x}EA_xPbI_3$ 单晶光电探测器和性能表征 [21]

4.1.3   光电晶体管

如上所述，光电导型光电探测器具有高增益、高外量子效率和简单的制备工艺等优点，但是由于欧姆接触和外加偏压较大，器件的暗电流较大，响应速度缓慢，这严重影响了器件的探测能力。光电二极管型光电探测器响应速度快，探测度灵敏，但是存在响应度低、外量子效率差等缺点。钙钛矿型光电晶体管由于其固有的放大功能，往往表现出较高的内部光电流增益，其特殊的几何结构可以提供更高的光响应度，比钙钛矿光电二极管和光电导体高几个数量级。光载流子产生机制一般基于光导效应，入射光可作为附加栅来调节光学特性。近年来，许多由二维层状材料和钙钛矿组成的光电晶体管得到了重点研究 [22,23]。异质结可以促进电荷转移和光门控效应，从而产生光导增益和超高响应度，此外，还开发了具有纳米级形貌的钙钛矿，并与石墨烯结合制备了高性能杂化光电晶体管。

如图 4-8（a）所示，Lee 等人 [24] 将石墨烯与 $MAPbI_3$ 钙钛矿相结合，制备出响应度高达 180A/W 的光电晶体管。但受限于器件结构，在 1μW 的弱光下，探测率仅为 10^9Jones，上升 / 衰减响应时间分别为 87ms 和 540ms。Qian 等人 [25] 通过一种简单便宜的湿法加工方法制备出了高性能的石墨烯量子点 - 掺杂钙钛矿 - 轻还原氧化石墨烯光电晶体管 ［图 4-8（b）］。该晶体管具有杰出的光响应度（1.92×10^4A/W，增益为 1.0×10^4），对光开关有极快的响应。该光电晶体管还具有宽的光探测范围（365 ~ 940nm），对光的开关有极高的响应速度（约 10ms），性能十分优异。该光电晶体管之所以具有这么高的性能，钙钛矿层和轻度还原氧化石墨烯层之间快速有效的载流子传输和轻度还原氧化石墨烯层高的载流子迁移率都有重要贡献。

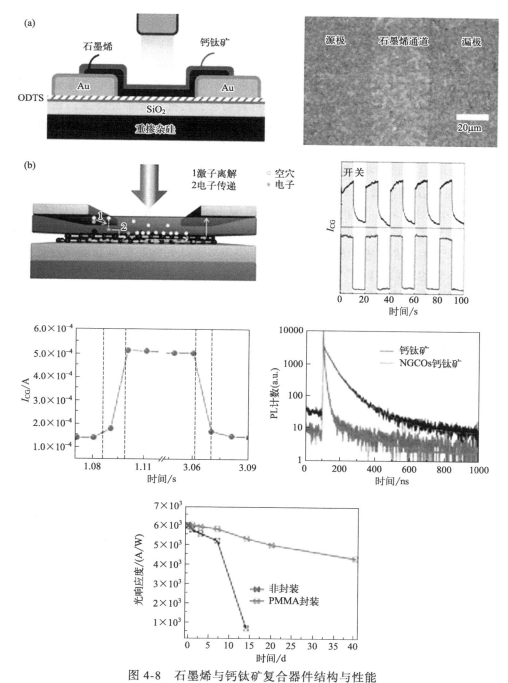

图 4-8　石墨烯与钙钛矿复合器件结构与性能

（a）石墨烯／钙钛矿光电晶体管结构[24]；（b）石墨烯量子点 - 掺杂钙钛矿 - 轻还原

氧化石墨烯光电晶体管中光致栅压效应原理图[25]

4.2 场效应晶体管

场效应晶体管是一种三端口器件，具有输入电阻高、功耗低、安全工作区域宽等优点。其结构的主要组成部分包括栅极、栅极介电层、导电沟道层、源极和漏极。其中，导电沟道层多由半导体材料制备，因此常称半导体层，它与源极和漏极直接接触。源/漏电极间形成的间隙为导电沟道，通常，两电极间的垂直距离为沟道长，垂直于沟道的两电极宽为沟道宽。栅极与栅极介电层直接接触，并隔着介电层正对着源/漏电极间的导电沟道。常见的场效应晶体管的器件结构包括：底栅顶接触（bottom-gate/top-contact，BGTC）、底栅底接触（bottom-gate/bottom-contact，BGBC）、顶栅顶接触（top-gate/top-contact，TGTC）和顶栅底接触（top-gate/bottom-contact，TGBC），如图4-9所示。尽管钙钛矿场效应晶体管中存在严重的栅场屏蔽问题，但不可否认钙钛矿材料应被视为新型场效应晶体管的理想材料[26,27]。其薄膜的柔韧性也使钙钛矿成为大面积柔性电子领域发展的合适候选材料，而传统的硅基半导体无法应用于这些领域。钙钛矿场效应晶体管具有优越的光电性能、可溶液制备、成本较低等优点，本应得到广泛的研究和显著的改进。但到目前为止，尽管其他类型的钙钛矿器件都有着显著的发展，但关于钙钛矿场效应晶体管的报道却相对较少。

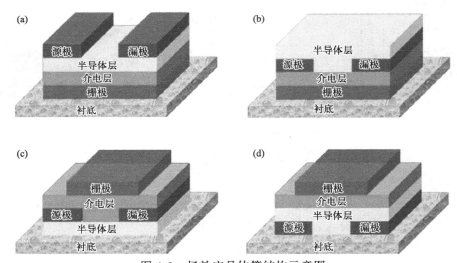

图4-9 场效应晶体管结构示意图

（a）底栅顶接触；（b）底栅底接触；（c）顶栅顶接触；（d）顶栅底接触

场效应晶体管通道材料的迁移率取决于器件的最大开关比，薄膜质量如均匀性或者颗粒粗糙度对迁移率有重要影响。由于二维钙钛矿材料既具有无机组分的高迁移率特性，又具有有机材料易于加工成膜、缺陷密度低的优点，非常适合作为薄膜场效应晶体管的通道材料。

Liu 等人通过溶液处理和气相转化相结合的方法，制备了像单个晶胞一样薄的 2D MAPbX$_3$ 钙钛矿[28]。从图 4-10（a）所示的具有衍射厚度层的 2D MAPbX$_3$ 在 532nm 激光激发下的光致发光光谱来看，2D MAPbI$_{3-x}$Cl$_x$ 和它的块状晶体均显示出很高的外量子效率，但是随着钙钛矿层厚度的减小，PL 峰向较短的波长移动。图 4-10（b）是基于 2D MAPbI$_3$ 的场效应晶体管，它在黑暗条件下通过栅极电压调整的源 - 漏电流非常小。器件的 I-V 曲线表现出对偏置电压的线性依赖性，这表明钙钛矿和金电极之间形成了欧姆接触。由于钙钛矿具有很强的光度相互作用和宽带光收集能力，因此光电流与暗电流之比可以达到 10^3 数量级。Huo 等人[29] 设计并构建了基于 CsPbBr$_3$ 超薄单晶 /MoS$_2$ 范德华异质结的光敏场效应晶体管，实现了对钙钛矿超薄单晶光电性能的调节。由于 CsPbBr$_3$ 和 MoS$_2$ 的能带匹配形成了骑跨结构的 p-n 结，从而在其界面处形成了强大驱动力，促进了空穴和电子分离。因此，该晶体管展现出了优异的低电压驱动特性。此

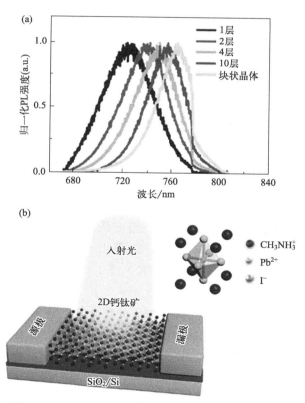

图 4-10 2D MAPbX$_3$ 钙钛矿光谱性能及器件结构
（a）具有不同厚度的 2D MAPbI$_3$ 纳米片的归一化 PL 光谱；
（b）基于 2D MAPbI$_3$ 的光探测器示意图[28]

外，该器件在室温下还表现出了高达 $0.28cm^2/(V \cdot s)$ 的载流子迁移率和 5×10^3 的开关比。

Yu 等人 [30] 利用空间限域反温度生长方法制备了具有亚纳米级表面粗糙度和极低表面缺陷密度的甲氨基卤化铅钙钛矿 $MAPbX_3$（X=Cl、Br、I）单晶薄膜，并基于所合成的高质量单晶薄膜构建了底栅顶接触结构和底栅底接触结构场效应晶体管，如图 4-11 所示。由于半导体/电介质界面具有强附着力和良好的电接触，器件在 p 型和 n 型沟道器件中实现了 $4.7cm^2/(V \cdot s)$ 和 $1.5cm^2/(V \cdot s)$ 的室温场效应迁移率、$10^3 \sim 10^5$ 范围的开关比和小于 2V 的阈值电压，显著优于迄今报道的基于多晶薄膜的钙钛矿场效应晶体管器件。该研究结果证明了通过垂直空间限制技术生长卤化物钙钛矿单晶薄膜并利用其制备光敏场效应晶体管的可行性。

Qin 等人 [31] 首次展示了在廉价且市售的聚合物电介质上构建的 2D 层状混合 Sn-Pb 钙钛矿场效应晶体管以及 $(PEA)_2PbI_4$ 薄膜中的场效应特性。$(PEA)_2Sn_{0.7}Pb_{0.3}I_4$ 晶体管在室温下工作，其空穴迁移率为 $0.02cm^2/(V \cdot s)$。Guo 等人 [32] 提出了一种通过将有机半导体 PDVT-10 薄膜转移到 $(PEA)_2SnI_4$ 薄膜上以形成范德华异质结（vdWHs）来调整二维钙钛矿［$(PEA)_2SnI_4$］FET 性能的简单方法。通过掺杂技术改变 PDVT-10 的电学特性，$(PEA)_2SnI_4$ FET 的性能可以在通态电流、阈值电压和迁移率方面进行有效调整，迁移率从 0.10cm 原始 $(PEA)_2SnI_4$ FET 的 $0.10cm^2/(V \cdot s)$ 至基于 vdWHs 的 FET 的 $0.46cm^2/(V \cdot s)$。

Wang 等 [33] 在 Si/SiO_2 上制备了二维有机-无机 $CH_3NH_3PbI_3$ 纳米片作为通道材料的场效应管，Au 作为源极和漏极，通道长度 $40\mu m$，源极电压（V_{sd}）和源极电流 I_{sd} 的输出曲线以及沟道电压 V_g 和源极电流 I_{sd} 变化曲线表现出明显的晶体管特性。电导率随着正栅电压的增加而增加，表现出 n 型半导体的性质；然而，高的负栅电压下，表现出 p 型半导体的性质，表明钙钛矿材料具有双极传输特性。在低温（77K）下，开关比约为 106，载流子迁移率为 $2.5cm^2/(V \cdot s)$。

目前涉及场效应管的研究还有一些 Sn 的化合物，器件的载流子迁移率也能基本满足晶体管通道材料的要求：室温旋涂、低温融化处理或者气相沉积方法制备的二维钙钛矿 $(C_6H_5C_2H_4NH_3)_2SnI_4$ 空穴迁移率（μh）分别可达 $0.6cm^2/(V \cdot s)$、$2.6cm^2/(V \cdot s)$ 以及 $0.78cm^2/(V \cdot s)$。Matsushima 等 [34] 认为 $(C_6H_5C_2H_4NH_3)_2SnI_4$ 材料的迁移率仍有极大的提升空间，他们利用含有碘化铵末端基团表面处理 n 型硅片衬底，采用顶栅顶接触的晶体管结构，在室温下获得的空穴迁移率达到 $15cm^2/(V \cdot s)$。

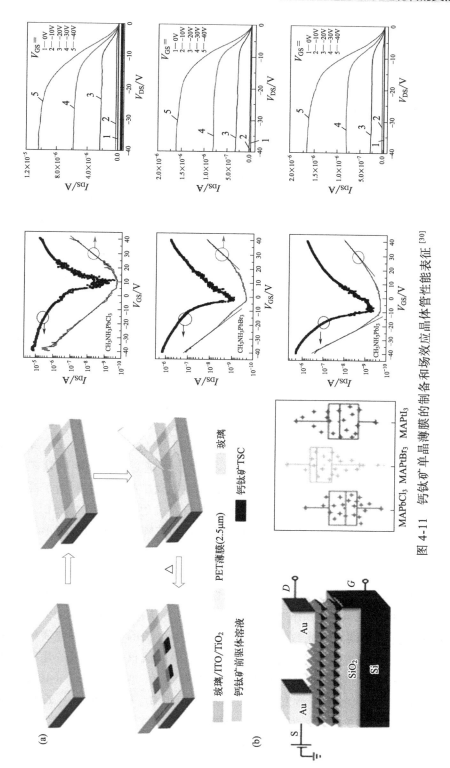

图 4-11　钙钛矿单晶薄膜的制备和场效应晶体管性能表征[30]

4.3 其他应用

4.3.1 激光器

钙钛矿激光器可以分为多晶钙钛矿激光器和单晶钙钛矿激光器。依靠钙钛矿材料自身结构构成谐振腔的一般为单晶钙钛矿激光器，例如：纳米片、纳米线等。多晶钙钛矿激光器依靠多晶钙钛矿材料整合现有谐振腔结构实现激光输出。多晶钙钛矿材料在钙钛矿激光器方面最早开始被研究，也已经获得较多研究成果，并展现出了多方面的应用前景，但同时也存在无法实现优良的光学谐振腔，以及阈值较高等问题。近年来，单晶钙钛矿材料凭借其自身所形成的规则形状和光滑界面构成的光学谐振腔，在激光器应用领域展现出品质因子高、阈值低、体积小等明显优势，还能通过激发共振效应对激发光进行高效转换。各种钙钛矿纳米晶的高性能激光器的成功制造，归因于钙钛矿层中的低复合率和高载流子寿命，这是半导体激光器的理想物理特性。

2016 年，Saliba 等人[35]首次通过将波纹结构纳米压印到聚合物模板上，随后蒸发共形钙钛矿层，首次实现了钙钛矿分布反馈腔（DFB），涂覆在玻璃基板上的紫外可固化聚合物抗腐蚀剂可承受激发波长为 370 ~ 440nm，并通过改变光栅的周期实现了波长从 770nm 至 793nm 之间可调节、低阈值的激光输出。Wang 等人[36]报道了无机钙钛矿（$CsPbX_3$，X=Cl, Br, I）VCSEL，在实现了单模激光输出的基础上，通过卤化物替代，使 VCSEL 发射出蓝、绿、红 3 种激光，且不同颜色的激光阈值是相似的。Sun 等人[37]利用钙钛矿薄膜实现了具有轨道角动量拓扑数钙钛矿微型激光器，如图 4-12 所示，通过实验证明钙钛矿涡旋激光具有高度定向的输出和良好控制的拓扑数。在钙钛矿膜上实验制造了高质量的光栅，并且随后获得了发散角为 3° 的垂直腔表面发射激光器（VCSEL）。不同臂数的阿基米德螺旋光栅可以使钙钛矿 VCSEL 的波阵面切换为螺旋形，拓扑荷数可以从 -4 到 4 随意切换。

Li 等人[38]发现一步旋涂法制备的 $CsPbX_3$ 钙钛矿薄膜存在空洞或针孔缺陷，严重影响其放大自发辐射（ASE）或激光性能。为了解决这个问题，他们将 ZnO 纳米颗粒（NPs）引入 $CsPbBr_3$ 前驱体溶液中，一步旋涂法合成的 $CsPbBr_3$：ZnO 薄膜表现出更强的结晶、光致发光（PL）强度和更长的寿命。研究表明，引入的 ZnO NPs 可以为 $CsPbBr_3$ 在旋涂和退火过程中的成核提供有效的途径，使薄膜更致密平整，没有明显的大空隙或针孔。在室温下，使用单光子（400nm）和双光子（800nm）飞秒激光激发，分别研究了 $CsPbBr_3$ 和 $CsPbBr_3$：ZnO 薄膜的 ASE，结果如图 4-13 所示，发现 ZnO 添加剂对薄膜致密性、表面光洁度和晶体尺寸进行改性后，$CsPbBr_3$：ZnO 薄膜的发射效率和激光阈值都比纯 $CsPbBr_3$ 薄膜有所提高。

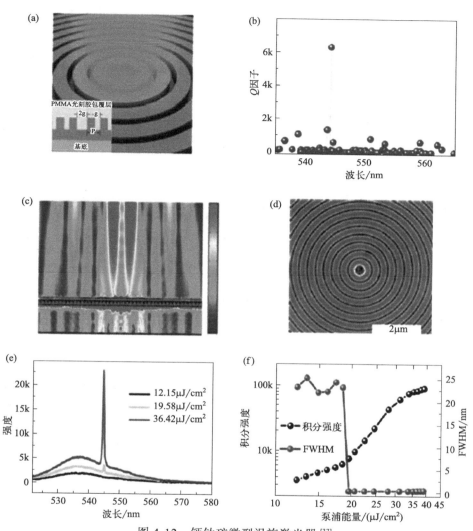

图 4-12 钙钛矿微型涡旋激光器[37]

（a）微型激光器模型；（b）模拟的品质因子；（c）模拟的光场分布；

（d）微型激光器 SEM；（e）实验测量光谱；（f）激光器阈值曲线

华南理工大学的 Huang[39] 将 CsPbBr$_3$ QD 置入透明玻璃介质中，使用 800nm 近红外飞秒激发可得到直接激光。所构建区域的大小和 PL 强度可以根据样品台的激光功率密度、激光曝光时间和移动速度进行调整。此外，通过使用计算机控制平台，这种技术可以以 3D 方式打印复杂的图案。更重要的是，由于 CsPbBr$_3$ 量子点固有的离子结构和较低的结合能，三维发光结构在飞秒激光下可以被擦除，退火后恢复，实验图像如图 4-14 所示。该技术极大地促进了 CsPbBr₃ QD 光子器件在大容量光学数据存储、3D 商业艺术品和信息安全方面的应用。

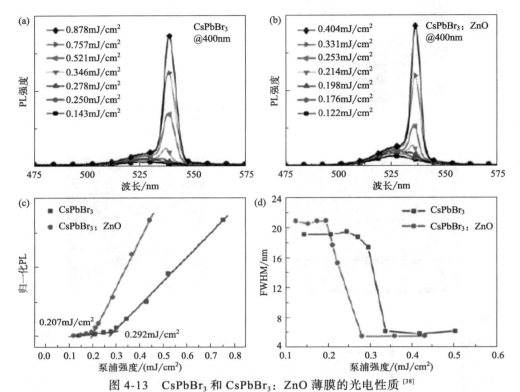

图 4-13   CsPbBr₃ 和 CsPbBr₃：ZnO 薄膜的光电性质 [38]

（a）CsPbBr₃ 单光子泵浦发射光谱；（b）CsPbBr₃：ZnO 单光子泵浦发射光谱；

（c）归一化输出强度；（d）半高宽与泵浦强度的关系

4.3.2   钙钛矿光催化

光催化是利用光激发半导体材料或特定分子产生光生电子和空穴进行氧化还原反应的技术，因此也经常被称为"人工光合作用"。钙钛矿材料特殊的结构使其在光催化方面具有潜在的应用，国内外对钙钛矿结构类型材料的研究主要集中在 CsPbX₃ 量子点。钙钛矿量子点在催化产氢、二氧化碳还原、污染物降解、有机合成等方面都有应用。

2017 年，中山大学 Kuang Daibin 课题组 [40] 首次将 CsPbBr₃ 钙钛矿量子点作为光催化剂，用于光催化还原 CO_2 反应。考虑到 CsPbBr₃ 量子点在水或极性溶剂中的稳定性较差，而有机溶剂乙酸乙酯不含水且极性不强，该团队把乙酸乙酯作为反应介质。另外，由于乙酸乙酯本身就具有较高的 CO_2 溶解度（241.0mmol/L），差不多是在水系溶液中溶解度的 7 倍），这一特点可一定程度提高还原 CO_2 反应的效率。研究结果显示，在可见光下持续照射 12h，催化反应能平稳进行，参与催化的光生电子利用率为 23.7μmol/(g·h)。为加速电荷的转移，该研究组还将量子点与氧化石墨烯（GO）形成复合材料，其性能如图 4-15，研究发现复合材料的光催化效率比纯 $CsPbBr_3$ 量子点高 25.5%。

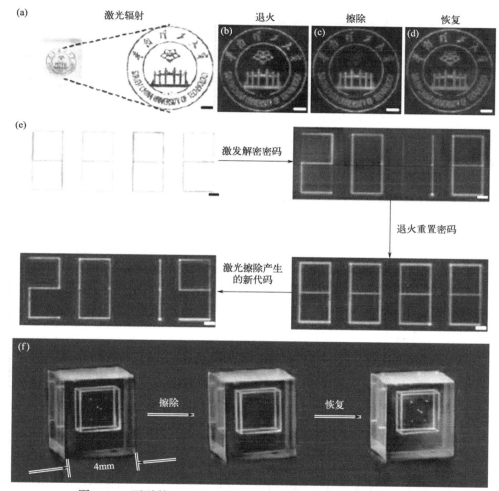

图 4-14　可逆的 $CsPbBr_3$ 量子点 2D 图案和 3D 结构的演示 [39]

（a）$CsPbBr_3$ 量子点图案的照片（左）和放大的光学显微镜图像（右）；（b）～（d）退火、擦除和恢复后 $CsPbBr_3$ 量子点图案的荧光光学图像（比例尺为 500μm）；（e）通过激光照射构造的加密密钥（比例尺为 100μm）；（f）可逆 $CsPbBr_3$ 量子点 3D 结构的大尺寸立方体样品的照片（里面的点可以完全擦除恢复）

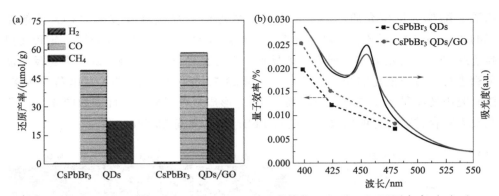

图 4-15　CsPbBr₃ QDs 和 CsPbBr₃ QDs/GO 光催化 12h 后 CO₂ 还原产率（a）和
紫外 - 可见吸收光谱和量子效率（b）[40]

此后，该校的 Chen Hongyan 研究团队[41] 原位合成了 CsPbBr₃@ZIFs 复合材料，并将其作为光催化剂，发现该材料比纯 CsPbBr₃ 量子点具有更强的 CO₂ 光催化还原活性，其性能如图 4-16。这种金属有机骨架（ZIFs）材料使 CsPbBr₃ 的水稳定性、对 CO₂ 的捕获和载流子的分离速率都得到提升。其中，ZIF-67 将 CO 作为反应中心，这一中心的存在加速了材料内部的电荷分离，从而使材料的催化性能得到提升。

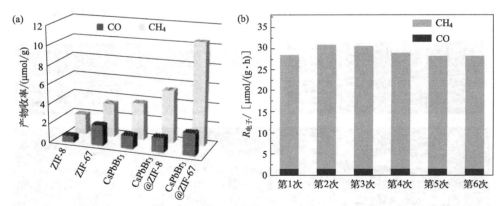

图 4-16　CsPbBr₃ 和 CsPbBr₃@ZIFs 光催化 CO₂ 的还原性能
（a）光催化 3h 后产物收率；（b）CsPbBr₃@ZIF-67 6 次循环试验结果[41]

Wang 等人[42] 首次利用在 HBr 溶液中稳定的有机 - 无机杂化钙钛矿 MAPbBr₃ 纳米晶，在可见光照射下获得了较高的产氢效率（图 4-17）。此外，在将杂化钙钛矿和 Pt/Ta₂O₅ 以及 PEDOT：PSS 结合后，二者分别作为电子和空穴收集体，极大地提高了 MAPbBr₃ 中的电荷输运效率，增强了其催化性能。在引入双纳米尺度电荷输运通道后，杂化钙钛矿在 420nm 光源照射下的产氢率提高了约 52 倍，表观量子效率达到 16.4%。Wang 等人[43] 利用有机 - 无机杂化钙钛矿 MAPbI₃ 的压电特性，将机械应力用于在 MAPbI$_3$ 过饱和水溶液中光解水产氢，通过引入一种交变的外部力学效应，在 MAPbI$_3$ 内部构筑出更有利于电荷分离的瞬态内建电场。Zhao 等人[44]用 Cs$_2$AgBiBr$_6$/RGO 在可见光照射下（＞420nm，300W Xe 灯）在 10h 内产生高达 489μmol/g H$_2$，此外，Cs$_2$AgBiBr$_6$/RGO 在饱和溶液中非常稳定，并且可以 120h 连续光催化产生 H$_2$ 并保持其高活性。

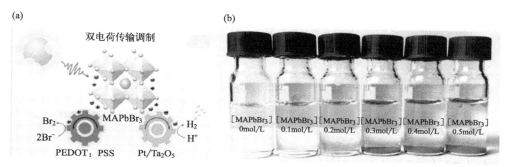

图 4-17　钙钛矿纳米晶产氢机理

（a）钙钛矿和 Pt/Ta$_2$O$_5$ 及 PEDOT：PSS 复合示意图；（b）不同浓度 MAPbBr$_3$ 溶液照片[42]

目前的报道中铅卤钙钛矿对于有机染料也有很好的降解效果。Gao 等人[45]首先报道了铅卤钙钛矿对有机染料降解的光活性。在室温下采用溶液法制备了全无机 CsPbX$_3$ 铅卤钙钛矿，然后将 CsPbX$_3$ 用于在溶液中光催化降解常见的有机污染物甲基橙（MO）。Zhang 等人[46]通过溶剂热法制备了 γ-CsPbI$_3$/WS$_2$ 复合材料，可在 30min 内完全降解亚甲基蓝（MB）。WS$_2$ 的表面积较大，并且存在丰富的官能团，能够与混合物中溶液的前体稳定存在，可以减少配体的数目，并促进 γ-CsPbI$_3$ 纳米晶体的形成和晶体间键合相互作用。图 4-18（b）显示了不同材料的 CV 曲线，由于 CV 曲线的形状特征与拟电容性能相似，因此该测量可用于估算催化反应中活性载体的量并评估催化性能。γ-CsPbI$_3$/WS$_2$ 的电流密度最高，表明 γ-CsPbI$_3$/WS$_2$ 具有更高的催化活性。图 4-18（c）显示了不同材料的 LSV 曲线，可以看出 γ-CsPbI$_3$/WS$_2$ 具有最高的极性电位，从而证明复合后的材料具有优异的载流子传输性能。EIS（电化学阻抗谱）图［图 4-18（d）］可进一步用于研究不同材料的载流子传输性能。这些结果表明，电化学性能与界面载流子转移过程和扩散控制高度相关，这有助于进一步了解光催化反应机制。

Wei 等人[47]采用水热结晶法构建了中空多壳（HoMs）SrTiO$_3$/TiO$_2$ 异质结。西兰花状 SrTiO$_3$/TiO$_2$ 非均相 HoMs 结构的总分解水性能比纯 SrTiO$_3$ 高 4 倍，这可能与特殊的 HoMs 结构和制备的异质结有关，HoMs 结构可以提高复合光催化剂的光吸收能力，所构建的异质结可以明显提升光生载流子（即电子 e$^-$ 和空穴 h$^+$）的转移效率和分离率。

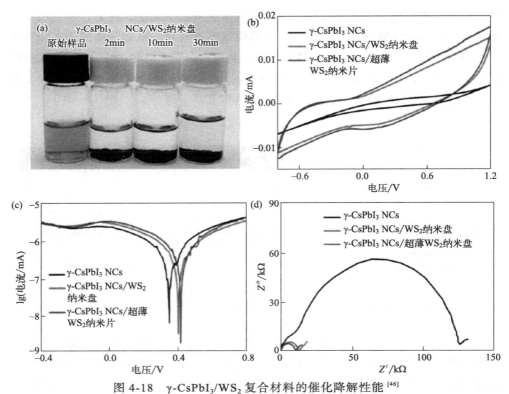

图 4-18　γ-CsPbI$_3$/WS$_2$ 复合材料的催化降解性能[46]

（a）γ-CsPbI$_3$/WS$_2$ 降解亚甲基蓝照片；（b）γ-CsPbI$_3$/WS$_2$ 的 CV 曲线；

（c）γ-CsPbI$_3$/WS$_2$ 的 LSV 曲线；（d）γ-CsPbI$_3$/WS$_2$ 的 EIS 图

　　研究人员不仅将卤化钙钛矿应用于光催化产氢和 CO$_2$ 的还原，而且还应用于各种有机材料的合成。例如，Huang 等人[48] 报道了 FAPbBr$_3$/TiO$_2$ 复合材料光催化选择性氧化苯甲醇的研究（图 4-19）。因此，钙钛矿作为光催化剂已经受到广泛关注。

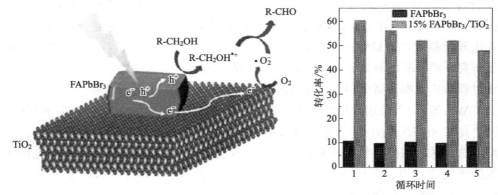

图 4-19　FAPbBr$_3$/TiO$_2$ 体系的光催化原理图及其有机反应性能[48]

4.3.3 光电催化器件

作为一种新兴技术，光电化学（PEC）催化可以借助光敏半导体和分子催化剂实现低能耗且稳定的分解水。有机 - 无机杂化钙钛矿具有吸收系数高、载流子传输距离长、激子复合速率快等特点，在光电催化领域已得到应用。钙钛矿光电催化器件由基底 FTO 玻璃、钙钛矿光吸收层、电子传输层（ETL）和空穴传输层（HTL）组成。光电催化以电催化为基础，通过光吸收层增大电路中的电流密度，实现节约用电的目的。其工作原理如下：光照下，钙钛矿吸收光子产生电子 - 空穴对（EHP），在电压以及 ETL、HTL 的共同作用下，电子和空穴分离并沿电流方向传输[49]。根据发生在器件表面反应的不同可以分为发生析氧反应（OER）的 n-i-p 型器件和发生析氢反应（HER）的 p-i-n 型器件[50]，其基本原理如图 4-20 所示。

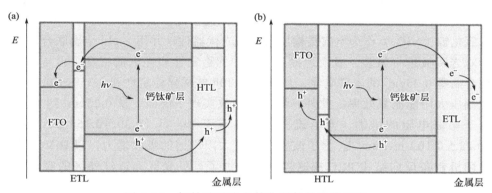

图 4-20 钙钛矿基光电催化器件的工作机理

（a）n-i-p 型；（b）p-i-n 型[50]

在 n-i-p 型器件中，钙钛矿中的光生电子经 ETL 传输到 FTO 中、空穴经 HTL 传输至催化剂参与反应产生氧气。Da 等人[51]以化学沉积的钙钛矿层为基础，设计了 FTO/TiO$_2$/CH$_3$NH$_3$PbI$_3$/Spiro-OMeTAD/Au/Ni 型 OER 器件，使用三电极系统通过 PEC 测量发现添加 Ni 层后可以使整个电压范围内光电流明显增强，证实镍是一种有效的析氧催化剂。Nam 等人[52]通过压铸法在 HTL 和 Ni 之间沉积了一层菲尔德金属（Field's metal，FM），使该设备可以在强碱溶液或强氧化性环境下长时间稳定工作。Tao[53]等人以混合阳离子型 (5-AVA)$_x$(MA)$_{1-x}$PbI$_3$ 为光吸收层并钝化 TiO$_2$ 层，使用导电碳糊代替金作为空穴传输层以降低成本、保护钙钛矿层，组装的 OER 器件具有超过 80% 的析氧效率。

p-i-n 构型的器件利用与 n-i-p 构型相反的机理来促进产氢：通过 ETL 将钙

钛矿层中产生的电子传输至顶部金属电极层。2016 年，Crespo-Quesada 等人[54]借助 FM 良好的导电性和隔水性，成功获得 $CH_3NH_3PbI_3$ 基 HER 光电催化器件，该器件具有约 95.1% 的析氢效率，并能稳定工作 6h 以上。为进一步提高器件的稳定性，Zhang 等人[55]提出了一种使用钛箔为保护层的 HER 光电催化器件，其析氢效率接近 100%。由于 Ti 箔良好的隔水性，该器件在较宽 pH 范围内连续工作 12h 后仍保持良好的稳定性。Kim 等人[56]对钙钛矿的 A 位、X 位离子进行了设计，以 $Cs_{0.05}(MA_{0.17}FA_{0.83})_{0.95}Pb(I_{0.83}Br_{0.17})_3$ 杂化钙钛矿为吸收层，进一步提高了器件性能。

Zhang 等人[55]报道了一种基于 $CH_3NH_3PbI_3$ 的三明治结构光电阴极 [图 4-21（a）]，该阴极相对于可逆氢电极（RHE）的起始电位为 0.95V，在 0V 时对可逆氢电极（RHE）的标准光电流密度约为 -18mA/cm² [图 4-21（b）]，理想的省电效率约为 7.63%，即使运行 12h 后也具有很高的稳定性。2018 年，Andrei 等人[57]利用铯甲脒甲基铵（CsFAMA）三重阳离子混合卤化物钙钛矿作为活性层、以氧化镍（NiO_x）作为空穴传输层来制备光伏器件，并用 Field 金属联合环氧树脂对光阴极进行封装，极大地提高了器件的稳定性和光电流密度。再与 $BiVO_4$ 配合制备 0.25cm² 的串联电池，具有高达 20h 的优异稳定性和 0.35%±0.14% 的无偏压太阳能制氢效率。此外，器件的缩放实现了突破，从 0.25cm² 到 10cm²，由于串联电阻的增加，光电流密度仅略有下降 [从（0.39±0.15）mA/cm² 到（0.23±0.10）mA/cm²]。为了改善器件对太阳光谱的吸收能力，以 $BiVO_4$ 作为光阳极制备反向结构 PEC 串联器件，增加了可见光区和近红外区的吸收能力 [图 4-21（c）、（d）]。$BiVO_4$ 由于导带的兼容带隙和相对较高的负电位而被认为是理想的光阳极。一旦太阳能诱导载流子，来自 PV 电池的额外能量可以促进质子的还原，从而促进水的分解过程。因此，基于卤化物钙钛矿的 PECs 作为潜在的下一代水分解材料受到越来越多的关注。

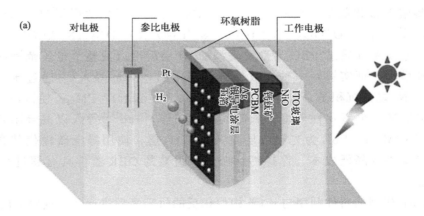

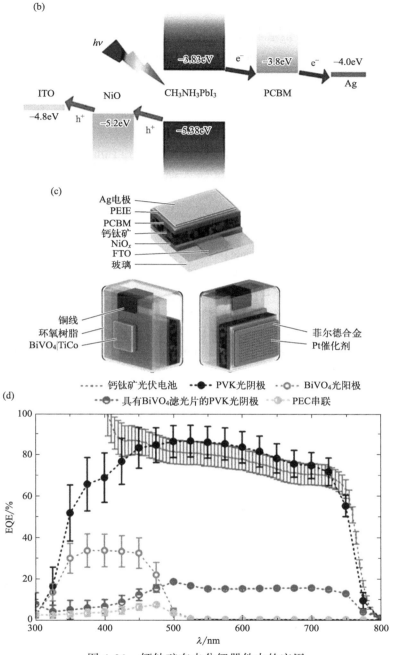

图 4-21　钙钛矿在水分解器件中的应用

（a）PEC HER 标准三电极体系中三明治 CH₃NH₃PbI₃ 光电阴极示意图；（b）倒置 CH₃NH₃PbI₃

太阳能电池各组分能量图[55]；（c）反向结构钙钛矿 PEC 串联电池的结构及正反面

封装视图；（d）各类材料的 EQE 光谱之间的比较[57]

参考文献

[1] Ahmad S, Kanaujia P K, Beeson H J, et al. Strong photocurrent from two-dimensional excitons in solution-processed stacked perovskite semiconductor sheets[J]. ACS Applied Materials & Interfaces, 2015, 7 (45): 25227-25236.

[2] Zhou J, Chu Y, Huang J. Photodetectors based on two-dimensional layer-structured hybrid lead Iodide perovskite semiconductors [J]. ACS Applied Materials & Interfaces, 2016, 8 (39): 25660-25666.

[3] Tan Z J, Wu Y, Hong H, et al. Two-dimensional $(C_4H_9NH_3)_2PbBr_4$ perovskite crystals for high-performance photodetector [J]. Journal of the American Chemical Society, 2016, 138 (51): 16612-16615.

[4] Li L N, Sun Z H, Wang P, et al. Tailored engineering of an unusual$(C_4H_9NH_3)_2(CH_3NH_3)_2Pb_3Br_{10}$ two-dimensional multilayered perovskite ferroelectric for a high-performance photodetector [J]. Angewandte Chemie International Edition, 2017, 56 (40): 12150-12154.

[5] Wang H, Kim D H. Perovskite-based photodetectors: materials and devices [J]. Chemical Society Reviews, 2017, 46 (17): 5204-5236.

[6] Lian Z, Yan Q, Lv Q, et al. High-performance planar-type photodetector on (100) facet of $MAPbI_3$ single crystal [J]. Scientific Reports, 2015, 5 (13): 16563-16572.

[7] Yu J, Chen X, Wang Y, et al. A high-performance self-powered broadband photodetector based on a $CH_3NH_3PbI_3$ perovskite/ZnO nanorod array heterostructure [J]. Journal of Materials Chemistry C, 2016, 4 (30): 7302-7308.

[8] Liu Y, Zhang Y, Zhao K, et al. A 1300 mm^2 ultrahigh-performance digital imaging assembly using high-quality perovskite single crystals [J]. Advanced Materials, 2018, 30 (29): 1707314-1707324.

[9] Cheng Z, Liu K, Yang J, et al. High-performance planar-type ultraviolet photodetector based on high-quality $CH_3NH_3PbCl_3$ perovskite single crystals [J]. ACS Applied Materials & Interfaces, 2019, 11 (37): 34144-34150.

[10] Fang H J, Li Q, Ding J, et al. A self-powered organolead halide perovskite single crystal photodetector driven by a DVD-based triboelectric nanogenerator [J]. Journal of Materials Chemistry C, 2016, 4 (3): 630-636.

[11] Cheng Z, Liu K W, Yang J L, et al. High-performance planar-type ultraviolet photodetector based on high-quality $CH_3NH_3PbCl_3$ perovskite single crystals [J]. ACS Applied Materials & Interfaces, 2019, 11 (37): 34144-34150.

[12] Murali B, Kolli H K, Yin J, et al. Single crystals: The next big wave of perovskite optoelectronics [J]. Acs Materials Letters, 2020, 2 (2): 184-214.

[13] Tang X, Matt G J, Gao S, et al. Electrical-field-driven tunable spectral responses in a broadband-absorbing perovskite photodiode [J]. ACS Applied Materials & Interfaces, 2019, 11 (42): 39018-39025.

[14] Lee K J, Merdad N A, Maity P, et al. Engineering band-type alignment in CsPbBr₃ perovskite-based artificial multiple quantum wells [J]. Advanced Materials, 2021, 33 (17): 2005166.

[15] Luo D, Zou T, Yang W, et al. Low-dimensional contact layers for enhanced perovskite photodiodes [J]. Advanced Functional Materials, 2020, 30 (24): 2001692.

[16] Dou L, Yang Y, You J, et al. Solution-processed hybrid perovskite photodetectors with high detectivity [J]. Nature Communications, 2014, 5: 5404.

[17] Lin Q, Armin A, Lyons D M, et al. Low noise, IR-blind organohalide perovskite photodiodes for visible light detection and imaging [J]. Advanced Materials, 2015, 27 (12): 2060-2064.

[18] Chen Z, Dong Q, Liu Y, et al. Thin single crystal perovskite solar cells to harvest below-bandgap light absorption [J]. Nature Communications, 2017, 8 (1): 1890.

[19] Ou Z H, Yi Y S, Hu Z T, et al. Improvement of CsPbBr₃ photodetector performance by tuning the morphology with PMMA additive [J]. Journal of Alloys and Compounds, 2020, 821: 153344.

[20] Yang Z Q, Deng Y H, Zhang X W, et al. High-performance single-crystalline perovskite thin-film photodetector [J]. Advanced Materials, 2018, 30 (8): 1704333.

[21] Shi Z F, Zhang Y, Cui C, et al. Symmetrization of the crystal lattice of MAPbI₃ boosts the performance and stability of metal-perovskite photodiodes [J]. Advanced Materials, 2017, 29 (30): 1701656.

[22] Vinh Quang D, Han G S, Tran Quang T, et al. Methylammonium lead iodide perovskite-graphene hybrid channels in flexible broadband phototransistors [J]. Carbon, 2016, 105: 353-361.

[23] Xie C, You P, Liu Z, et al. Ultrasensitive broadband phototransistors based on perovskite/organic-semiconductor vertical heterojunctions [J]. Light-Science & Applications, 2017, 6 (8): 17023.

[24] Lee Y, Kwon J, Hwang E, et al. High-performance perovskite-graphene hybrid photodetector [J]. Advanced Materials, 2015, 27 (1): 41-46.

[25] Qian L, Sun Y L, Wu M M, et al. A solution-processed high-performance phototransistor based on a perovskite composite with chemically modified graphenes [J]. Advanced Materials, 2017, 29 (22): 1606175.

[26] Paulus F, Tyznik C, Jurchescu O D, et al. Switched-on: Progress, challenges, and opportunities in metal halide perovskite transistors [J]. Advanced Functional Materials, 2021, 31 (29): 2101029.

[27] Wang J Z, Senanayak S P, Liu J, et al. Investigation of electrode electrochemical reactions in CH₃NH₃PbBr₃ perovskite single-crystal field-effect transistors [J]. Advanced Materials, 2019, 31 (35): 1902618.

[28] Liu J, Xue Y, Wang Z, et al. Two-dimensional $CH_3NH_3PbI_3$ perovskite: Synthesis and optoelectronic application [J]. ACS Nano, 2016, 10 (3): 3536-3542.

[29] Huo C, Liu X, Wang Z, et al. High-performance low-voltage-driven phototransistors through $CsPbBr_3$-2D crystal van der waals heterojunctions [J]. Advanced Optical Materials, 2018, 6 (16): 1800152.

[30] Yu W, Li F, Yu L, et al. Single crystal hybrid perovskite field-effect transistors [J]. Nature Communications, 2018, 9 (1): 5354.

[31] Qin C Q, Zhang F, Qin L, et al. Charge transport in 2D layered mixed Sn-Pb perovskite thin films for field-effect transistors [J]. Advanced Electronic Materials, 2021, 7 (10): 2100384.

[32] Guo J, Liu Y, Chen P A, et al. Tuning the electrical performance of 2D perovskite field-effect transistors by forming organic semiconductor/perovskite van der waals heterojunctions [J]. Advanced Electronic Materials, 2022: 2200148.

[33] Wang G, Li D, Cheng H C, et al. Wafer-scale growth of large arrays of perovskite microplate crystals for functional electronics and optoelectronics [J]. Science Advances, 2015, 1 (9): e1500613.

[34] Matsushima T, Hwang S, Sandanayaka A S, et al. Solution-processed organic-inorganic perovskite field-effect transistors with high hole mobilities [J]. Advanced Materials, 2016, 28 (46): 10275-10281.

[35] Saliba M, Wood S M, Patel J B, et al. Structured organic-inorganic perovskite toward a distributed feedback laser [J]. Advanced Materials, 2016, 28 (5): 923-929.

[36] Wang Y, Li X, Nalla V, et al. Solution-processed low threshold vertical cavity surface emitting lasers from all-inorganic perovskite nanocrystals [J]. Advanced Functional Materials, 2017, 27 (13): 1605088.

[37] Sun W, Liu Y, Qu G, et al. Lead halide perovskite vortex microlasers [J]. Nature Communications, 2020, 11 (1): 4864.

[38] Li C L, Zang Z G, Han C, et al. Highly compact $CsPbBr_3$ perovskite thin films decorated by ZnO nanoparticles for enhanced random lasing [J]. Nano Energy, 2017, 40: 195-202.

[39] Huang X J, Guo Q Y, Yang D D, et al. Reversible 3D laser printing of perovskite quantum dots inside a transparent medium [J]. Nature Photonics, 2020, 14 (2): 82-88.

[40] Xu Y F, Yang M Z, Chen B X, et al. A $CsPbBr_3$ perovskite quantum dot/graphene oxide composite for photocatalytic CO_2 reduction [J]. Journal of the American Chemical Society, 2017, 139 (16): 5660-5663.

[41] Kong Z C, Liao J F, Dong Y J, et al. Core@shell $CsPbBr_3$@zeolitic imidazolate framework nanocomposite for efficient photocatalytic CO_2 reduction [J]. ACS Energy Letters, 2018, 3 (11): 2656-2662.

[42] Wang H, Wang X M, Chen R T, et al. Promoting photocatalytic H_2 evolution on organic-

inorganic hybrid perovskite nanocrystals by simultaneous dual-charge transportation modulation [J]. ACS Energy Letters, 2019, 4 (1): 40-47.

[43] Wang M Y, Zuo Y P, Wang J L, et al. Remarkably enhanced hydrogen generation of organolead halide perovskites via piezocatalysis and photocatalysis [J]. Advanced Energy Materials, 2019, 9 (37): 1901801.

[44] Wang T, Yue D T, Li X, et al. Lead-free double perovskite $Cs_2AgBiBr_6$/RGO composite for efficient visible light photocatalytic H_2 evolution [J]. Applied Catalysis B-Environmental, 2020, 268: 118399.

[45] Gao G, Xi Q Y, Zhou H, et al. Novel inorganic perovskite quantum dots for photocatalysis [J]. Nanoscale, 2017, 9 (33): 12032-12038.

[46] Zhang Q, Tai M Q, Zhou Y Y, et al. Enhanced photocatalytic property of gamma-$CsPbI_3$ perovskite nanocrystals with WS_2 [J]. ACS Sustainable Chemistry & Engineering, 2020, 8 (2): 1219-1229.

[47] Wei Y Z, Wang J Y, Yu R B, et al. Constructing $SrTiO_3$-TiO_2 heterogeneous hollow multi-shelled structures for enhanced solar water splitting [J]. Angewandte Chemie-International Edition, 2019, 58 (5): 1422-1426.

[48] Huang H W, Yuan H F, Janssen K P F, et al. Efficient and selective photocatalytic oxidation of benzylic alcohols with hybrid organic-inorganic perovskite materials [J]. ACS Energy Letters, 2018, 3 (4): 755-759.

[49] Boix P P, Nonomura K, Mathews N, et al. Current progress and future perspectives for organic/inorganic perovskite solar cells [J]. Materials Today, 2014, 17 (1): 16-23.

[50] Kim D, Lee D K, Kim S M, et al. Photoelectrochemical water splitting reaction system based on metal-organic halide perovskites [J]. Materials, 2020, 13 (1): 210.

[51] Da P M, Cha M Y, Sun L, et al. High-performance perovskite photoanode enabled by Ni passivation and catalysis [J]. Nano Letters, 2015, 15 (5): 3452-3457.

[52] Nam S, Mai C T K, Oh I. Ultrastable photoelectrodes for solar water splitting based on organic metal halide perovskite fabricated by lift-off process [J]. ACS Applied Materials & Interfaces, 2018, 10 (17): 14659-14664.

[53] Tao R, Sun Z X, Li F Y, et al. Achieving organic metal halide perovskite into a conventional photoelectrode: Outstanding stability in aqueous solution and high-efficient photoelectrochemical water splitting [J]. ACS Applied Energy Materials, 2019, 2 (3): 1969-1976.

[54] Crespo-Quesada M, Pazos-Outon L M, Warnan J, et al. Metal-encapsulated organolead halide perovskite photocathode for solar-driven hydrogen evolution in water [J]. Nature Communications, 2016, 7: 12555.

[55] Zhang H F, Yang Z, Yu W, et al. A sandwich-like organolead halide perovskite photocathode for efficient and durable photoelectrochemical hydrogen evolution in water [J]. Advanced

Energy Materials, 2018, 8 (22): 1800795.

[56] Kim I S, Pellin M J, Martinson A B F. Acid-compatible halide perovskite photocathodes utilizing atomic layer deposited TiO_2 for solar-driven hydrogen evolution [J]. ACS Energy Letters, 2019, 4 (1): 293-298.

[57] Andrei V, Hoye R L Z, Crespo-Quesada M, et al. Scalable triple cation mixed halide perovskite-$BiVO_4$ tandems for bias-free water splitting [J]. Advanced Energy Materials, 2018, 8 (25): 1801403.

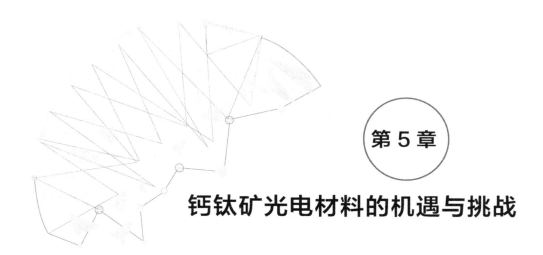

第 5 章

钙钛矿光电材料的机遇与挑战

鉴于钙钛矿独特的结构组成特点，以及合成成本低、原料丰富、电荷传输优异、易于大规模生产、量子产率高、结晶度高以及光吸收性好等一系列独特的性质，该类材料在光电子器件如太阳能电池、发光二极管、光电探测器和场效应晶体管等方面都表现出了良好的潜在应用价值。然而，目前钙钛矿材料的研究还面临着重要的机遇与挑战。

5.1 在太阳能电池方面

目前，人们对半透明太阳能电池的需求正在增长，因为它可以在不牺牲更多开放区域的情况下提供生产清洁能源的可能性。由于钙钛矿具有优异的性能，它为制造高效率、低成本的半透明太阳能电池提供了可能。钙钛矿的一个令人兴奋的特性是它可以制造出一种半透明的钙钛矿太阳能电池，例如，它可以被集成到建筑物中作为窗户。半透明钙钛矿电池的发展不仅促进了建筑集成光伏（BIPV）技术的发展，而且也促进了钙钛矿与硅或 CIGS 技术相结合的串联太阳能电池结构的发展。然而，该领域仍然存在的一个主要挑战是半透明太阳能电池的放大过程。到目前为止，可以用旋涂法生产出均匀的钙钛矿薄膜。然而，这个过程只适用于小型设备。其他如喷墨印刷、丝网印刷、蒸发和槽模涂层是大规模电池的可供选择。此外，薄膜通常由于光吸收不足而产生光谱损失。克服这一限制的一种可能方法是用钙钛矿部分覆盖表面，以形成半透明的物质。但目前仍有几个问题需要解决：①密封衬底上的空（透明）区域，以防止 ETL 和 HTM 之间的复合。解决这一问题的方法是使用一种透明的非导电材料，该材料可以选择性地集成到活性区域的空区域。②设法使半透明装置在恶劣的环境条件下保持稳定。③如何在增加半透明器件透明度的同时提升工作效率。

此外，含 Pb 元素所制备的太阳能电池已受到广泛关注，但是如何循环使用仍未得到有效解决。特别是基于铅卤钙钛矿的太阳能电池对水分特别敏感，钙钛矿极易溶解于水中而释放到环境中造成污染，因此如何选用合适的金属元素解决毒性问题值得进一步探索。钙钛矿金属部分无铅型的优化，以及如何实现环境友好型的高效率器件，解决大面积工业生产的发热（寿命）、成本、标准符合等问题，仍旧是我们今后面临的关键挑战。

5.2   在发光二极管方面

钙钛矿发光二极管效率受限于三维块体钙钛矿中较低的激子结合能。但在二维 / 准二维钙钛矿材料中，二维结构使得注入的电荷在空间上被限制在钙钛矿纳米晶粒内，增加了离解的激子重新复合发光的概率。二维钙钛矿表面存在大量离子半径较大的配体，钝化了钙钛矿表面，减少了表面的 A 位阳离子缺陷。此外，长链配体增加了二维钙钛矿的抗湿性，使其稳定性进一步提升。但是，在器件与材料的长期稳定性方面，二维钙钛矿材料以及其他体系的钙钛矿材料（包括合金钙钛矿、钙钛矿量子点等）都亟待增强。由于离子晶体的特质，在施加偏压时产生的离子迁移会严重影响钙钛矿材料的稳定性与器件性能。使用碳作为钙钛矿接触电极和疏水层并加以修饰，以及在一步法制备钙钛矿过程中引入磷酸铵添加剂，其中—$PO(OH)_2$ 和—NH_3^+ 能在钙钛矿晶粒中起到交联作用，能在一定程度上阻挡水分的进入，进而提升器件稳定性。此外，钙钛矿 - 聚合物型复合材料或许给出了一种增强钙钛矿稳定性的新思路。有研究表明，在施加的偏压低于 1 V时，离子迁移过程可以被显著抑制。因此，降低器件的启亮电压、制备超低启亮电压的器件可能也是增强钙钛矿发光二极管稳定性的一种途径。在传统的准二维钙钛矿膜层中，晶粒取向随机，覆盖在晶粒表面的配体易形成平行于衬底的绝缘层，从而导致载流子注入势垒增大，使得电荷传输性能下降。因此，还可考虑晶粒的垂直基底生长，使无机层与空穴 / 电子传输层接触，以减小电荷传输势垒，增强膜层在垂直方向上的电荷传输，在进一步优化器件结构的基础上制备低启亮电压的器件。此外，传统的 RP 型准二维钙钛矿所使用的配体均为单一—NH_3^+ 端配位，这使得晶粒之间的距离较大，晶粒与晶粒之间存在范德华间隙。在外界应力作用下，晶粒容易分解，这限制了准二维钙钛矿材料在柔性器件中的应用。

近期，有课题组在 Ruddlesden-Popper 型准二维钙钛矿的基础上进一步提出了 Dion-Jacobson 型准二维钙钛矿。Dion-Jacobson 型准二维钙钛矿在制备时使用了两端均为—NH_3^+ 的配体，这种配体两端均能与 $[PbBr_6]^{4-}$ 层连接，且具有更大的解离能，可以使两个晶粒被紧密地连接在一起，从而减小了晶粒间距。目前，Dion-Jacobson 型准二维钙钛矿在钙钛矿太阳能电池中已有较多应用，这也有望成为制备高效准二维钙钛矿发光二极管的优良备选方案。

5.3　在光电探测器方面

　　钙钛矿光电探测器虽然兴起只有短短几年时间，但却经历了十分蓬勃的发展，迅速成为光电子领域研究的热门。钙钛矿材料具有丰富的微观形貌，包括微晶/多晶薄膜、块体单晶和低维纳米单晶等，不同形貌的钙钛矿材料在性能上展示出很大的不同。由于钙钛矿多晶薄膜易于制备，所以基于钙钛矿多晶薄膜的光电探测器报道最多，其中基于岛状或网状形貌的薄膜钙钛矿光电探测器较致密多晶薄膜器件性能更为优越。而钙钛矿块体单晶缺陷密度低，在弱光探测方面具有更加明显的优势。钙钛矿低维纳米单晶结构表体比大，具有尺寸效应，可制备成阵列形貌来提高器件性能，并且在柔性方面较其他形貌器件更有优势。对比不同原理的钙钛矿光电探测器可以发现，由于光电导器件具有增益机制，所以光电导型钙钛矿探测器的响应度相对较高。截至目前，基于多晶薄膜、块体单晶、纳米单晶钙钛矿的光电导型探测器的响应度较高。相比而言，光伏型钙钛矿探测器只能输出比较低的响应度，但是这类器件可以通过引入载流子阻挡机制，在不影响亮电流的前提下实现非常低的暗电流密度。正因为如此，这些光伏型探测器仍然可以在响应度不高的前提下，实现相对较好的探测率。此外，光伏型探测器还有一个明显的优势，就是载流子传输距离短，易于实现高响应速度，最快达亚纳秒量级，这是其他类型光电探测器目前无法媲美的。为了满足不同的需求，钙钛矿光电探测器的研究发展体现在柔性、窄带、自驱动与阵列化等特殊方面。基于柔性衬底器件的测试表明，利用钙钛矿单晶纳米结构制成的光电探测器具有良好的机械稳定性，多次弯折后器件性能几乎不发生改变。光伏型钙钛矿光电探测器可以在低偏压或零偏压下工作，具有低功耗的特点。共面结构器件通常工作在光电导原理下，但利用不对称肖特基效应也能构造出基于光伏原理的共面光电探测器，从而也能具有自驱动性能。除此之外，自驱动光电探测器还体现在与摩擦生电系统及太阳电池系统的集合。不同于无机晶体，钙钛矿纳米结构的阵列化可以通过溶液法获得，这大大降低了制作成本，有利于实现低成本光电探测阵列。综合看来，在制作成本、探测性能、柔性等方面，钙钛矿光电探测器均表现出独到的优势，具有光明的发展前景。但是在实现商用化的道路上，它也面临十分巨大的挑战。首先，需要可重复地制备高质量钙钛矿材料。钙钛矿材料的纯度、结晶性与缺陷密度等参数对其发光性能有显著的影响。虽然钙钛矿材料本征缺陷可以通过使用超洁净环境、提升退火温度或者减缓其冷却速率进行一定程度的消除，但如何测定材料及其薄膜的晶界和表面缺陷密度，以及如何进一步消除这些缺陷，仍未得到很好解决。同时，钙钛矿由于外部温度、湿度等导致的非本征稳定性、潜在化学反应、相转移以及离子或原子扩散导致的本征不稳定性，对材料性能以及器件重现性也具有影响，而这也是所有钙钛矿光电子器件迫切需要解决的问题。

5.4　在场效应晶体管方面

传统的三维（3D）混合钙钛矿稳定性较低，尤其是在湿度、氧气、光和热的条件下。传统的 3D 混合钙钛矿稳定性低是阻碍其设备应用和进一步商业化的重要障碍。传统 3D 钙钛矿中典型的离子迁移现象也会影响其场效应迁移率，从而影响器件性能。值得注意的是，低维杂化钙钛矿可以作为有前途的候选者。在三维钙钛矿的 A 位引入较大的有机胺阳离子，利用其在潮湿、氧气、光或高温环境下的范德华相互作用和更高的生成能，使低维钙钛矿更加稳定。疏水性较大的有机胺阳离子作为屏障，可以有效地保护低维钙钛矿膜不受水分子和氧分子的渗透。较大的有机胺阳离子也会阻碍碘等卤素分子向器件金属电极界面移动，导致器件性能不可逆下降，特别是在光照条件下。较大的有机胺阳离子的引入也会增加杂化钙钛矿的断裂能，使裂纹发生钝化，有利于水分子和氧分子渗透到钙钛矿膜中，导致进一步降解。此外，由于低维钙钛矿倾向于生长在尺寸较大、晶界较少的晶粒中，以及较大的有机胺阳离子的势垒作用，低维钙钛矿也表现出较低的离子迁移。离子迁移的有效抑制使低维杂化钙钛矿场效应晶体管具有更高的场效应迁移率。此外，较低的离子迁移意味着较少形成离子缺陷，从而为氧分子渗透到膜中提供通道。此外，高显著生长取向的特性使低维钙钛矿形成更平滑、更致密的薄膜，也有利于高效地阻断氧分子向薄膜的扩散。因此，较高的生成能、较高的断裂能、较低的点缺陷和致密的薄膜为低维钙钛矿提供了较高的氧稳定性。在传统的三维杂化钙钛矿中引入较大的有机胺阳离子形成的低维钙钛矿，不仅具有传统三维钙钛矿所具有的优异性能，而且可以克服传统三维钙钛矿在晶体管应用中的局限性。然而，尽管低维杂化钙钛矿具有比三维钙钛矿和有机半导体基场效应晶体管更好的特性，甚至可以与多晶硅制成的场效应晶体管相竞争，但低维钙钛矿的场效应迁移率仍无法与单晶硅和传统的二维材料相竞争。如果这些低成本材料能够成功地取代 Si 作为活性通道层，将能够进一步降低设备的成本，用于实际应用。因此，为了实现杂化钙钛矿的低成本高性能场效应晶体管，并实现进一步的商业化，还需要在材料质量提升和器件结构设计等主要方面进一步努力。

　　尽管存在以上挑战，但相信随着钙钛矿材料研究的迅速推进，这些挑战将会逐渐得到解决。此外，近期的研究显示形貌对钙钛矿发光性质具有重要影响，通过调控制备工艺获得的纳米量子点、纳米线、纳米棒、纳米片、单晶以及微晶等不同的形貌，能够实现尺寸从几十纳米到几微米调节的钙钛矿薄膜晶体，从而使得带隙以及发光寿命等均发生变化。目前调控钙钛矿材料形貌的主要方法是改变制备过程中的原料组成与反应过程中的各种参数。尽管通过温度和组成调控可以获得不同带隙的钙钛矿材料，一定程度上实现了钙钛矿材料从近红外到可见光范围内的多色发光，但其中的具体机理还有待深入探究。有效地调控钙钛矿材料形貌，制备高度均匀的方法，也值得进一步探究。这可能是钙钛矿材料步入工业化生产与实际应用至关重要的最后一公里。科研工作者需进一步对钙钛矿材料的开发与改性进行研究，以推动这种具有优良光电性质的材料得以真正实际应用。